服装实用技术·应用提高
时装厂纸样设计师讲座

中国纺织出版社有限公司

成衣裁剪与制板技术：
半身裙·连衣裙

王雪筠/著

中国纺织出版社有限公司

内容提要

本书主要介绍了女裙的结构设计与样板制作，按裙子的结构特征分为半身裙、宽松连衣裙、合体连衣裙三个板块。书中以第七代日本文化式女装原型为基础进行裙装结构设计，结合大量实践经验，采用新颖的款式实例，由浅入深地讲述了女裙结构设计的原理、规律、应用方法，并通过实例分析裙装工业样板的设计技巧。

全书内容通俗易懂，图文并茂，理论与实践结合，可以作为服装的专业技术人员及服装设计爱好者的参考书，也可以作为高等院校的专业教材。

图书在版编目（CIP）数据

成衣裁剪与制板技术：半身裙·连衣裙／王雪筠著.
--北京：中国纺织出版社有限公司，2021.5
（服装实用技术·应用提高.时装厂纸样设计师讲座）
ISBN 978-7-5180-8334-3

Ⅰ.①成…　Ⅱ.①王…　Ⅲ.①服装裁缝　Ⅳ.①TS941.631

中国版本图书馆CIP数据核字（2021）第020641号

责任编辑：李春奕　苗　苗　　责任校对：寇晨晨
责任印制：王艳丽

中国纺织出版社有限公司出版发行
地址：北京市朝阳区百子湾东里A407号楼　邮政编码：100124
销售电话：010—67004422　传真：010—87155801
http://www.c-textilep.com
中国纺织出版社天猫旗舰店
官方微博 http://weibo.com/2119887771
唐山玺诚印务有限公司印刷　各地新华书店经销
2021年5月第1版第1次印刷
开本：889×1194　1/16　印张：9
字数：165千字　定价：49.80元

前　言

　　在服装设计这门学科中，服装纸样设计（亦称服装结构设计）是服装设计到服装加工的中间环节，是实现设计思想的根本，也是从立体到平面转变的关键所在，可称为设计的再设计、再创造。它在服装设计中有着极其重要的地位，是服装设计师必须具备的业务素养之一。

　　裙装的结构设计，涵盖了服装结构设计的主要原理与方法，其结构变化是服装结构设计中多样、复杂的部分之一。本书由浅入深地讲述了裙装结构设计原理及其各部位的结构变化规律和方法。由于裙装的变化十分丰富，书中以具有特色的案例，有针对性地分析不同类型裙装的结构特点、结构设计方法、纸样设计要点等，既有理论阐述，又有实际操作指导。

　　本人执教于重庆师范大学，由于笔者水平有限，书中难免有疏漏和不足之处，热忱欢迎广大读者与专家批评指正。

王雪筠

2021年1月

目　录

第一章　裙装结构原理解析

第一节　上衣的结构原理解析

一、人体上身构成

（一）上身躯干骨骼（图1-1）

1.脊柱

人类脊柱由33块椎骨（颈椎7块，胸椎12块，腰椎5块，骶骨、尾骨共9块）、韧带、关节及椎间盘连接而成。脊柱具有支持躯干、保护内脏、保护脊髓和进行运动的功能。脊柱侧面在颈、胸、腰、骶有四个生理性弯曲，颈和腰曲突向前，胸和骶曲突向后，呈"S"型。

2.胸廓

胸廓是由12个胸椎、12对肋骨和肋软骨、1块胸骨以及关节和韧带构成，形状近似圆锥形。胸廓上口狭小，斜向前下方，其横径大于矢状径，由第1胸椎、第1对肋骨、肋软骨及胸骨柄上缘构成。胸廓下口宽阔，斜向后下方，横径大于矢状径，由第12胸椎，第11、第12对肋骨及第7对至第10对肋软骨构成。

3.肩胛骨

肩胛骨为三角形扁骨，贴于胸廓后外面，介入第2对至第7对肋骨之间，有两面、三缘和三个角。

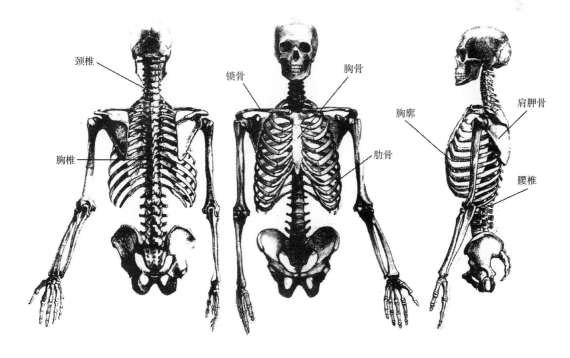

图1-1

（二）上身躯干肌肉（图1-2）

1.胸大肌

胸大肌在胸廓前上部浅层，起于锁骨部（锁骨内侧半）、胸肋部（胸骨和上位第5、第6对肋软骨）和腹部（腹直肌鞘的前壁），止于肱骨大结节嵴（锁骨部和腹部肌束上下交叉），其肌腹呈扇形。

2.腹肌

腹肌包括腹直肌、腹外斜肌、腹内斜肌和腹横肌。当它们收缩时，可以使躯干弯曲及旋转，还可以控制骨盆与脊柱的活动。由于腹部容易沉淀脂肪，成年人腹部往往呈向前凸起状态。

3.斜方肌

斜方肌位于项部和背部的皮下，一侧呈三角形，左右两侧相合成斜方形。斜方肌将肩带骨与颅底和椎骨连在一起，起悬吊肩带骨的作用。斜方肌是背部最发达肌肉，在男体中最为突出。

4.背阔肌

背阔肌位于腰背部和胸部后外侧皮下，为全身最大的阔肌，呈直角三角形，上内侧部被斜方肌遮盖。此肌收缩时使肱骨后伸、内旋及内收，使高举的上臂向背内侧移动。

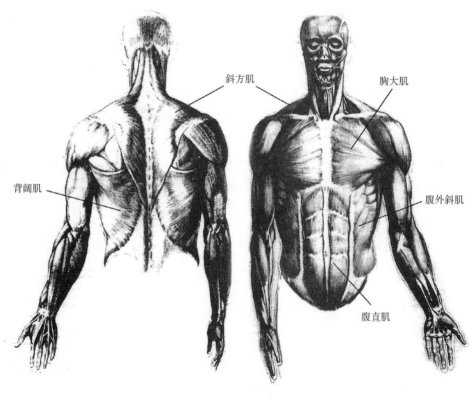

图1-2

二、上衣结构要点解析

（一）省道形成原理（图1-3）

由于女性人体上身躯干有胸乳凸出、肩胛骨凸出，并且胸围大于腰围，因此用布直接围裹人体后，会出现大量不贴体部分，这些部分就形成衣身省道——胸省、肩胛骨省、腰省等。

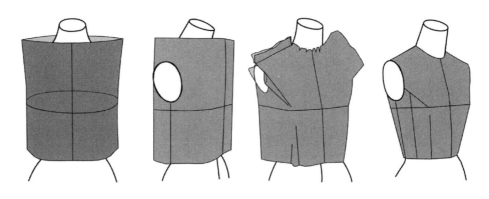

图1-3

（二）省道的转移方法

前片的省道围绕 BP 点（胸乳凸出点），360° 方向都可以转移（图 1-4）。省道的度数相同，所塑造的立体凸起程度也相同。

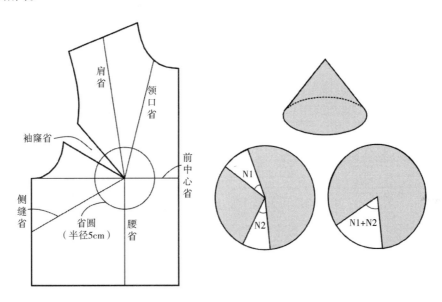

图1-4

后片的省道围绕肩胛骨凸出点，一般在 180° 方向转移（图 1-5），特殊造型也可以在 360° 方向转移。

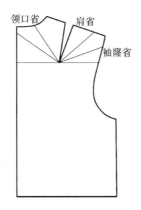

图1-5

（三）胸省的转移

以胸省省尖点为中心，在纸样轮廓线任何位置剪切开并旋转，胸省发生转移、合并，但服装的合体度不会发生变化（图1-6）。

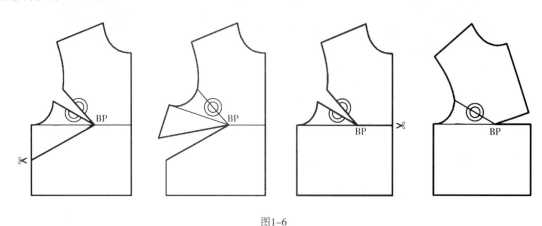

图1-6

（四）肩省的转移

以肩省省尖点为中心，在纸样肩部以上部位任何位置剪切开并旋转，肩省发生转移，但服装的合体度不会发生变化（图1-7）。

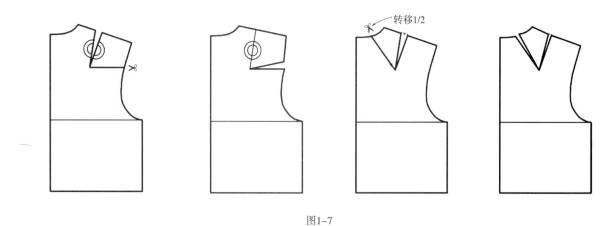

图1-7

第二节　裙的结构原理解析

一、人体下身构成

（一）下身骨骼

1.骨盆

骨盆为连结脊柱和下肢之间的盆状骨架，是由后方的骶、尾骨（脊柱最低的两块骨）和左右两髋骨连接而成的完整骨环。男女骨盘有差异，女性骨盆骶骨底，骨盆上口、下口的横径与矢径的绝对值比男性的大，整个骨盆较男性短而宽。

2.下肢骨

下肢骨包括股骨、髌骨、胫骨、腓骨及足骨（7块跗骨、5块跖骨和14块趾骨），如图1-8所示。

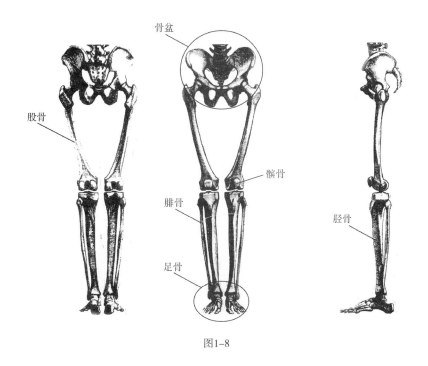

图1-8

（二）下身肌肉

1.臀大肌

臀大肌呈宽厚四边形，位于臀皮下，起自髂骨外面和骶骨背面，纤维斜向外下，覆盖大转子，止于股骨的臀肌。此肌可使大腿后伸并外旋。臀大肌是臀部隆起的重要肌肉。

2.下肢肌

髋肌、大腿肌、小腿肌和足肌4部分总称为下肢肌。下肢肌具有承担支持身体和移动身体的功能。肌肉比较强大，筋膜强厚，附着骨面较大。髋肌能使大腿后伸和向外转动，大腿肌能使膝伸直，小腿肌收缩时能提起足跟，足肌有维持足弓的作用（图1-9）。

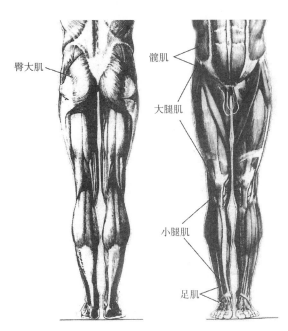

图1-9

二、下身裙（半身裙）结构要点解析

（一）裙子腰省

由于人体下身躯干有臀部凸出，并且臀围远大于腰围，因此用布直接围裹人体后，腰部会出现大量不贴体部分，这些部分就形成裙身腰部的省道——腰省。裙子腰省就是为了解决腰围与臀围的差值（图1-10）。

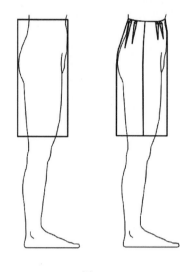

图1-10

（二）裙子腰省的分布

人体在臀部的立体构造是扁圆台型的，为拟合这个立体形状，腰省应较为均匀地分布在腰线上（图1-11）。

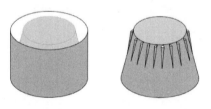

图1-11

（三）省道的长度

省道的长度由腹凸与臀凸决定，前省长在腹凸线上，后省长在臀凸线向上一点（图1-12）。

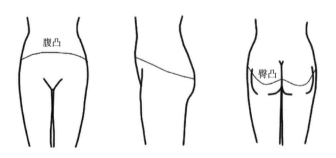

图1-12

第二章 半身裙的结构设计

第一节 半身裙主要结构变化

一、省道变化

半身裙的省道变化是在达到裙子腰臀合体度的情况下，最重要的款式的变化方法。其有省道数量变化（图2-1）、变省为抽褶或褶裥（图2-2）、变省为分割线（图2-3），或者放开省道（图2-4）等变化方式。

图2-1

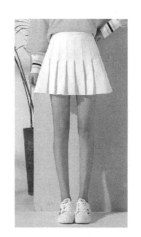

图2-2

图2-3

图2-4

二、长度变化

半身裙的长度变化是最直观的、最简单的款式变化形式。裙子的长度由腰围线起设计至需要的长度，如有短裙（图2-5）、中长裙（及膝裙）（图2-6）、长裙（图2-7）等变化。

| 图2-5 | 图2-6 | 图2-7 |

三、腰线变化

半身裙的腰线变化能改变半身裙在人体上的分割比例。一般把腰线设置在腰围线附近的半身裙称为中腰裙（也称适腰裙）（图 2-8），高于腰围线的称为高腰裙（图 2-9），低于腰围线的称为低腰裙（图 2-10）。

| 图2-8 | 图2-9 | 图2-10 |

四、裙摆变化

半身裙的裙摆变化可以改变裙子的廓型。下摆与臀围一样大，为直筒裙，裙子呈 H 型（图 2-11）；下摆比臀围小，为收摆裙，裙子呈 O 型（图 2-12）或 T 型；下摆比臀围大，为放摆裙，裙子呈 A 型（图 2-13）。

| 图2-11 | 图2-12 | 图2-13 |

第二节　半身裙结构设计案例分析

一、小A型裙

（一）款式（图2-14）

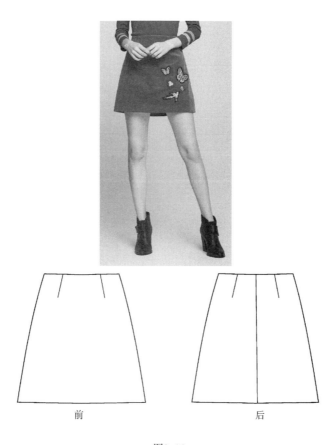

前　　　　　　　　　　后

图2-14

（二）设计分析

1.款式分析

此款是小 A 型裙，有里子，无腰头。为了得到小 A 摆结构，需分别将前后片的一个腰省转移为下摆松量。该款裙装在后中安装拉链。

2.规格设计（表2-1）

表2-1　　　　　　　　　　　　　　　　　　　　　　　单位：cm

号型	裙长（L）	腰围（W）	臀围（H）
160/68A	45	68	98

（三）结构图解（图 2-15）

裙结构是在日本文化式裙原型（见附录）的基础上进行的款式变化。日本文化式原型的臀围有 4cm 的松量，腰围为支撑部位，不加放松量。

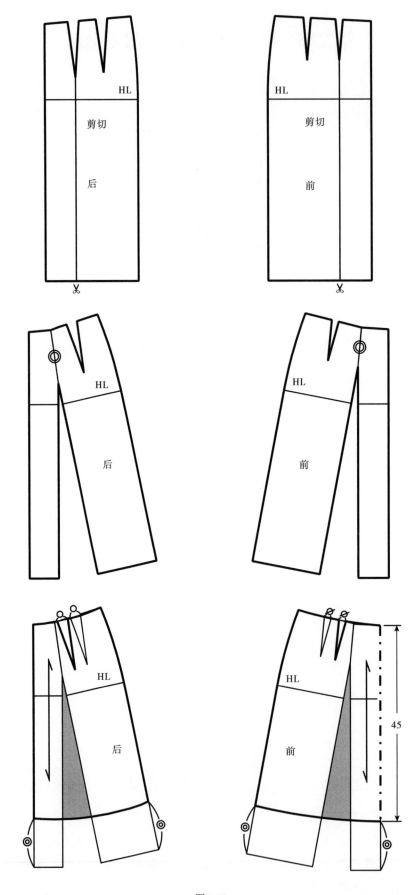

图2-15

（四）纸样设计

此款裙装采用衣身全挂里的结构，里子在下摆不封死，如图 2-16 所示。

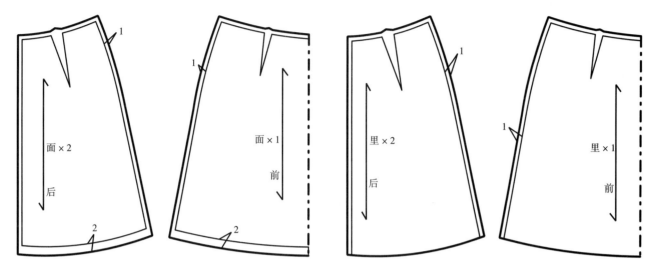

图2-16

二、荷叶边小A型裙

（一）款式（图2-17）

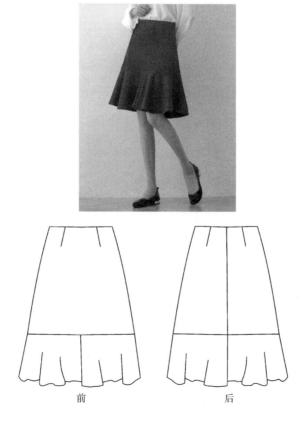

前　　　　　后

图2-17

（二）设计分析

1.款式分析

此款是荷叶边小 A 型裙，裙子上半部分有里子，无腰头。为了形成小 A 摆结构，需分别将前后片的一个腰省（见细实线）转移为下摆松量。把下摆纸样剪切后按照扇形展开，即可形成荷叶边。

2.规格设计（表2-2）

表2-2　　　　　　　　　　　　　　　　　　　　　单位：cm

号型	裙长（L）	腰围（W）	臀围（H）
160/68A	55	68	98

（三）结构图解

在款式一的基础上，进行省道与裙摆变化，如图 2-18 所示。

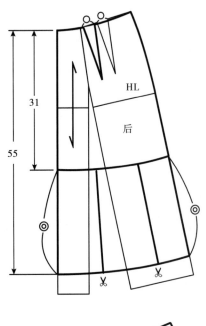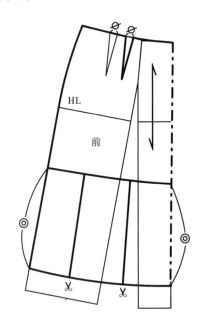

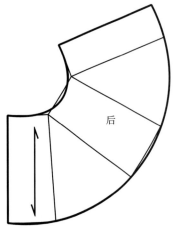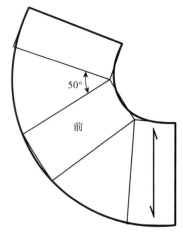

图2-18

（四）纸样设计

此款裙装采用上半部分挂里的结构，下摆荷叶边不挂里，如图2-19所示。

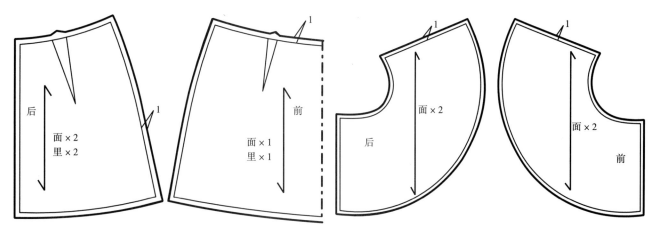

图2-19

三、下摆不对称小A型裙

（一）款式（图2-20）

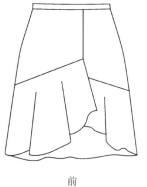
前

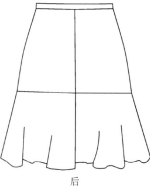
后

图2-20

（二）设计分析

1. 款式分析

此款是不对称小 A 型裙，有腰头。该款的小 A 摆结构，是将全部腰省转为下摆松量形成的。先制出裙原型图，合并腰省时，保持原型的臀围松量不变。将纸样剪切后按扇形展开，即可形成荷叶边。

2. 规格设计（表2-3）

表2-3 单位：cm

号型	裙长（L）	腰围（W）	臀围（H）
160/68A	56	68	94

（三）结构图解（图2-21）

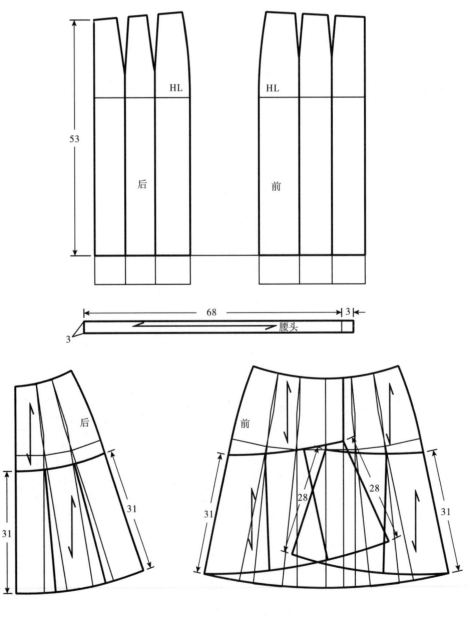

图2-21

（四）纸样设计（图2-22）

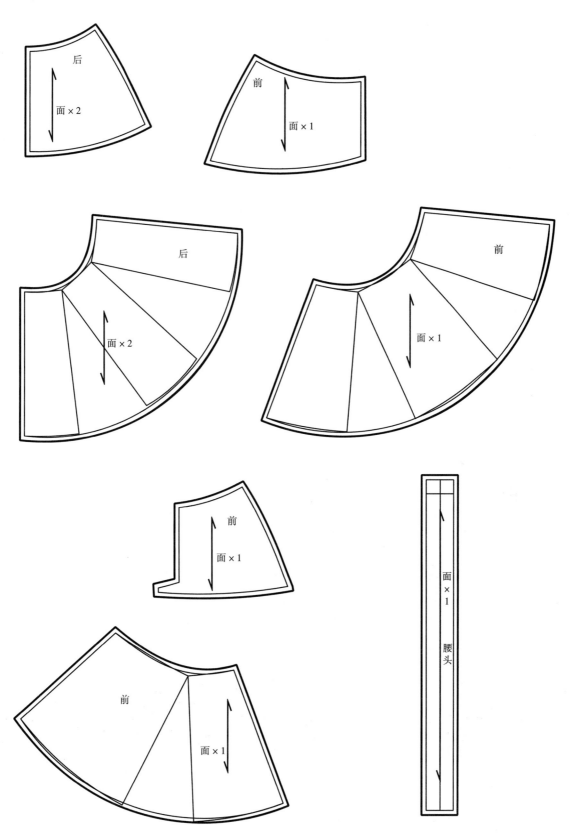

后
面×2

前
面×1

后
面×2

前
面×1

前
面×1

前
面×1

面×1 腰头

前
面×1

图2-22

四、喇叭裙

（一）款式（图2-23）

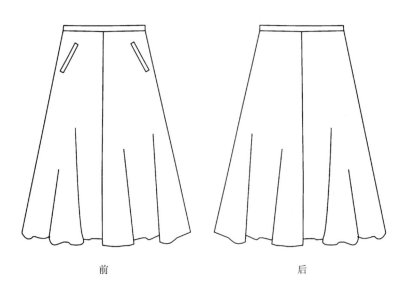

前   后

图2-23

（二）设计分析

1.款式分析

此款是喇叭裙，可以将原型裙腰部省道全部合并，下摆展开；也可以用比例法计算出来，直接绘制裙子的结构图。

2.规格设计（表2-4）

表2-4   单位：cm

号型	裙长（L）	腰围（W）
160/68A	64	68

（三）结构图解（图2-24）

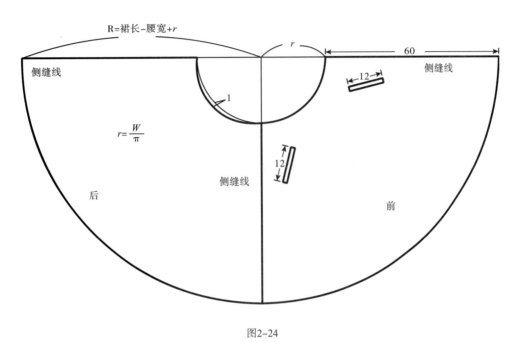

图2-24

（四）纸样设计

此款裙装为单层，由于下摆弧线曲率较大，所有缝份均为1cm，如图2-25所示。

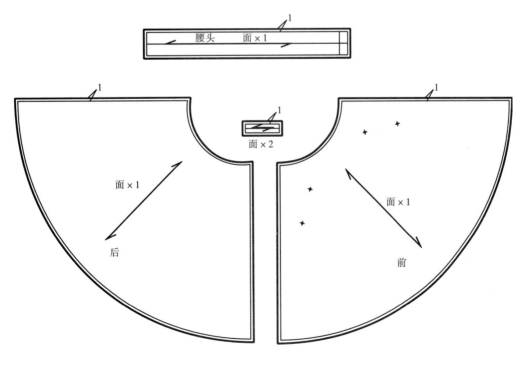

图2-25

五、O型半身裙

（一）款式（图2-26）

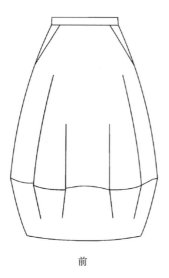
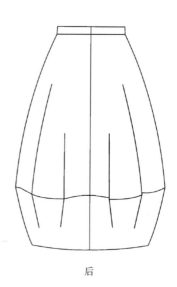

前　　　　　　　　　　　　　后

图2-26

（二）设计分析

1.款式分析

此款是 O 型半身裙。裙子分上下两部分，上下均为扇形展开，两部分的展开处相接。

2.规格设计（表2-5）

表2-5　　　　　　　　　　　　　　　　　　　　　　　　单位：cm

号型	裙长（L）	腰围（W）
160/68A	74	68

（三）结构图解（图2-27）

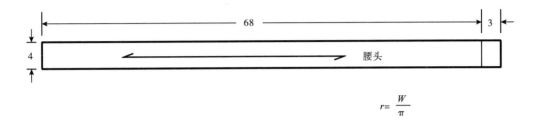

$$r=\frac{W}{\pi}$$

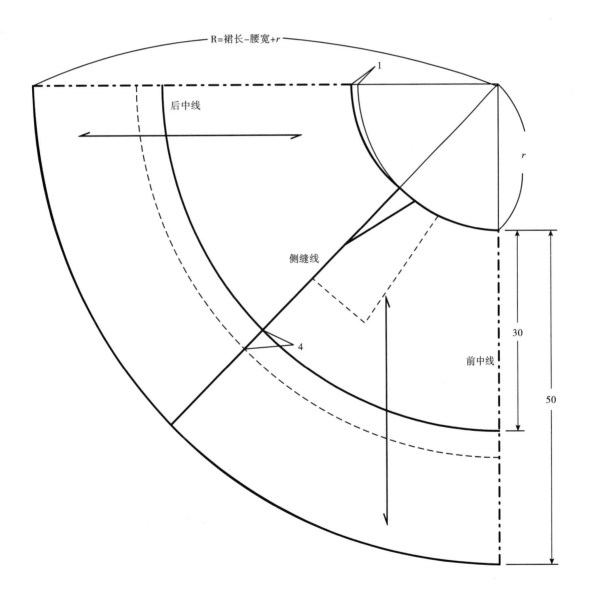

图2-27

（四）纸样设计

此款裙装为单层，下摆做贴边，所有缝份均为 1cm，如图 2-28 所示。

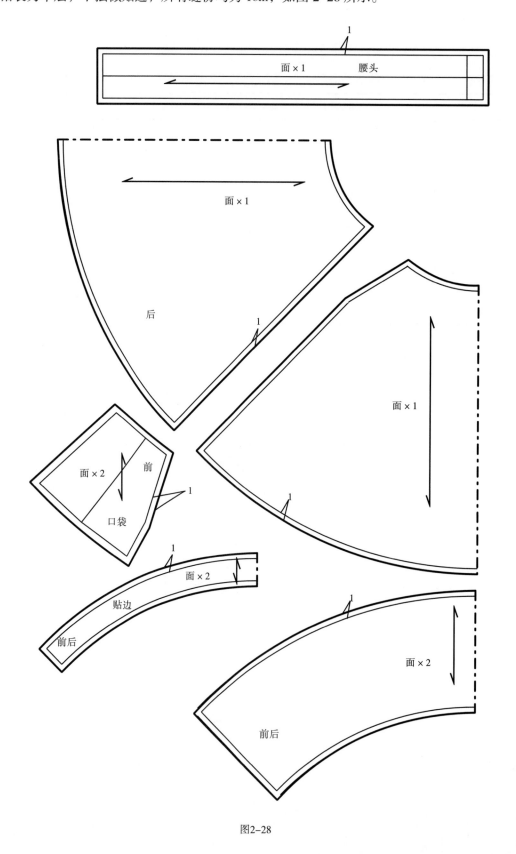

图2-28

六、褶裥裙

（一）款式（图2-29）

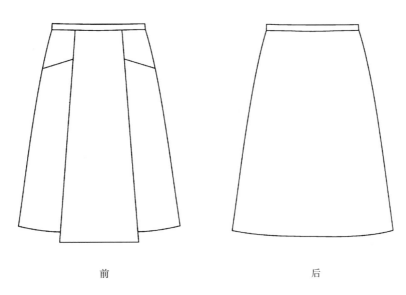

前　　　　　　　　　　后

图2-29

(二)设计分析

1.款式分析

此款是前片为褶裥裙，后片为放摆裙。前片把裙原型腰省合并转移到褶裥里，后片则把腰省合并转移成下摆量。

2.规格设计（表2-6）

单位：cm

表2-6

号型	裙长（L）	腰围（W）
160/68A	60	68

（三）结构图解（图2-30）

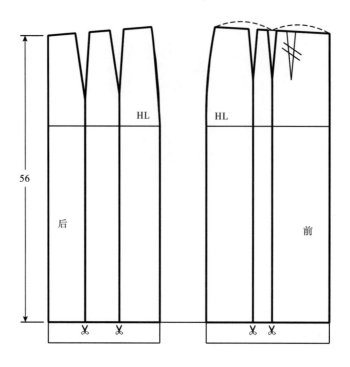

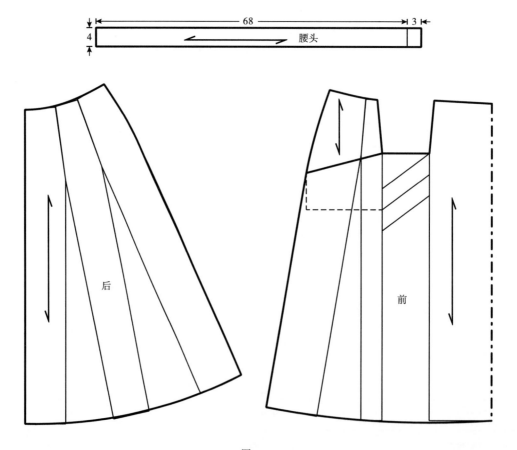

图2-30

（四）纸样设计

　　此款裙装为单层，下摆折边缝份为 3cm，如图 2-31 所示。

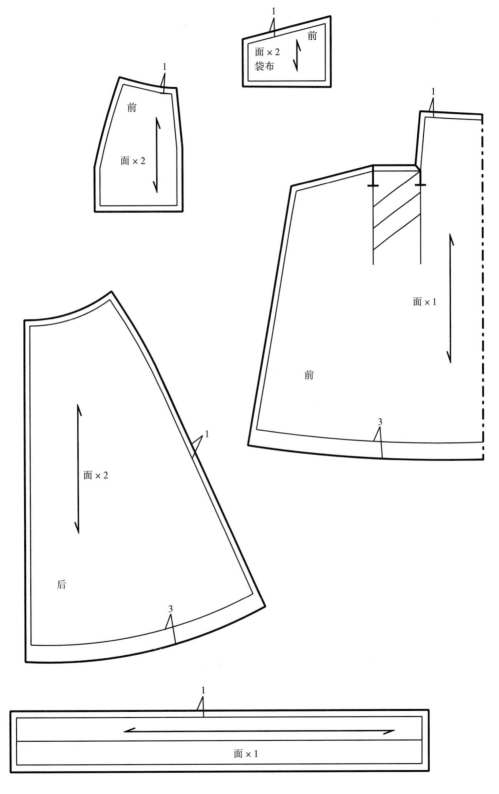

图2-31

七、育克分割褶裥裙

（一）款式（图2-32）

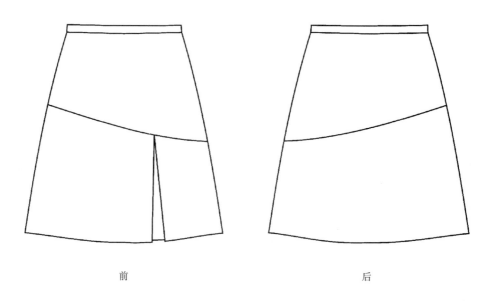

前　　　　　　　　　　　　　　　　　后

图2-32

（二）设计分析

1. 款式分析

此款裙为育克分割褶裥裙，有腰头。可将腰省转移到斜向的分割线上。

2. 规格设计（表2-7）

表2-7　　　　　　　　　　　　　　　　　　　　　　　　　　　单位：cm

号型	裙长（L）	腰围（W）	臀围（H）
160/68A	51	68	96

（三）结构图解（图2-33）

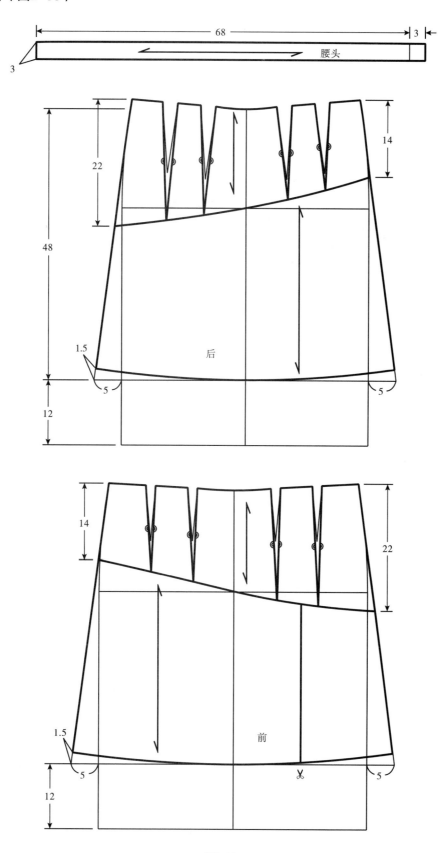

图2-33

（四）纸样设计（图2-34）

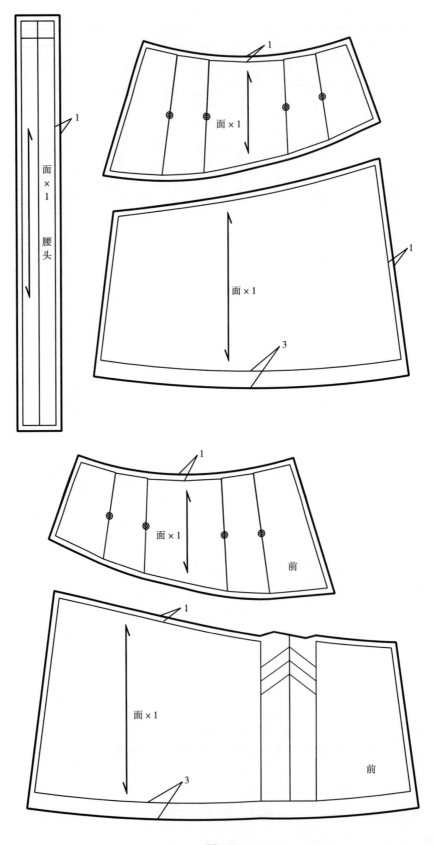

图2-34

八、无腰头高腰裙

（一）款式（图2-35）

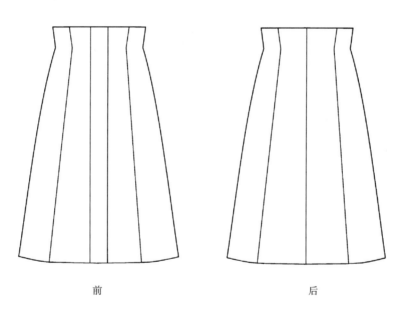

前　　　　　　　　　　　　后

图2-35

（二）设计分析

1.款式分析

此款是8片高腰裙，无腰头。臀腰的差量在腰围线上拟合腰部，呈立体形态分布，形成腰省。

2.规格设计（表2-8）

表2-8　　　　　　　　　　　　　　　　　　　单位：cm

号型	裙长（L）	腰围（W）	臀围（H）
160/68A	73	68	94

（三）结构图解（图2-36）

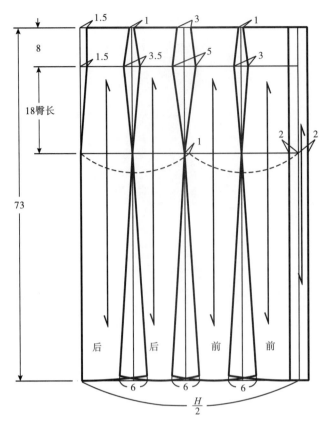

图2-36

（四）纸样设计

此款裙装采用衣身全挂里的结构，如图2-37所示。

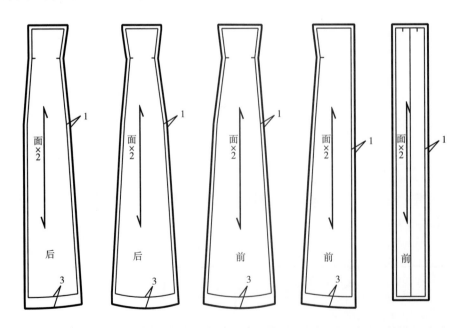

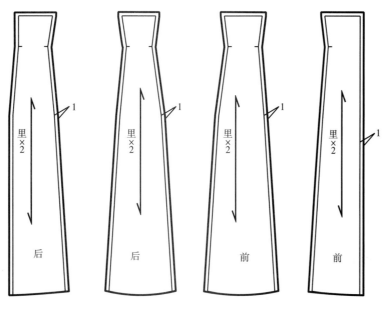

图2-37

九、短款鱼尾裙

（一）款式（图2-38）

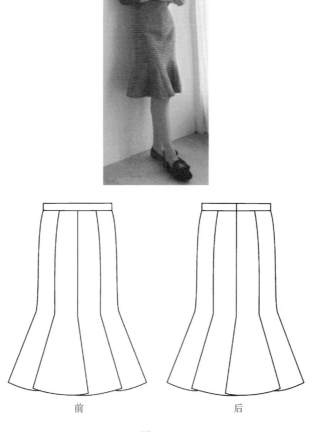

前　　　　　　　　后

图2-38

（二）设计分析

1.款式分析

此款是短款鱼尾裙，有腰头。臀腰的差量在腰围线上贴合腰部呈立体形态分布，形成腰省。腰省最后隐藏在纵向分割线上。

2.规格设计（表2-9）

表2-9   单位：cm

号型	裙长（L）	腰围（W）	臀围（H）
160/68A	64	68	94

（三）结构图解（图2-39）

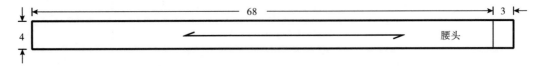

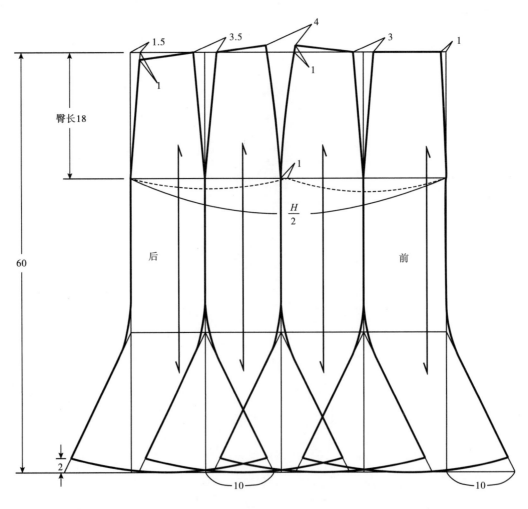

图2-39

（四）纸样设计（图2-40）

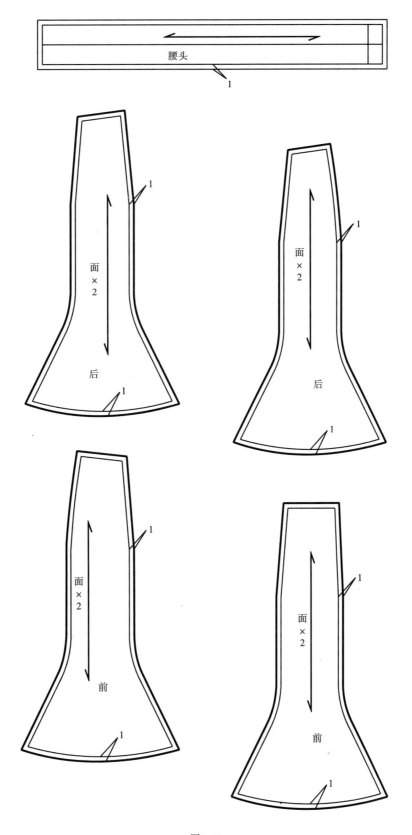

图2-40

十、三层节裙

（一）款式（图2-41）

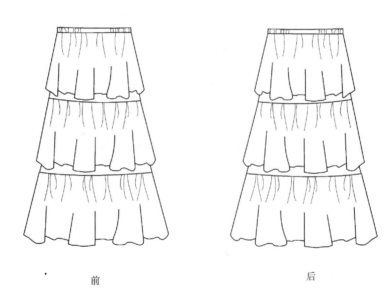

前　　　　　　　　　　　后

图2-41

（二）设计分析

1.款式分析

此款是节裙，每层按照2倍围度计算褶皱量。腰上装松紧带无开口，因此腰围展开尺寸要等于臀围。

2.规格设计（表2-10）

表2-10　　　　　　　　　　　　　　　　　　　单位：cm

号型	裙长（L）	臀围（H）	腰围（W）
160/68A	77.5	96	68

（三）结构图解（图2-42）

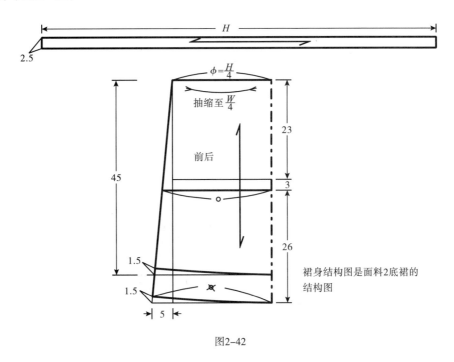

图2-42

（四）纸样设计

此款裙装采用三种面料，面1是抽褶的纱，面2是裙里面的底裙，面3是中间不抽褶的纱。底裙下摆留3cm缝份折边，如图2-43所示。

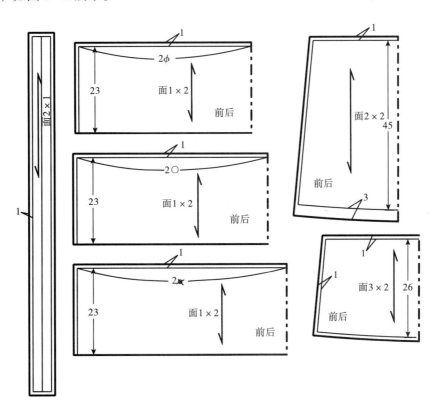

图2-43

十一、无省不对称小A型裙

（一）款式（图2-44）

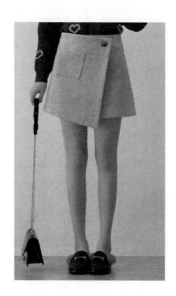

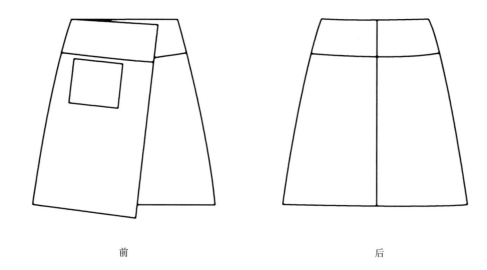

前　　　　　　　　　　　　　　　　后

图2-44

（二）设计分析

1.款式分析

此款是小A型，裙腰在裙身上截取，转移掉了腰省，为无省不对称半身裙。

2.规格设计（表2-11）

表2-11　　　　　　　　　　　　　　　　　　　　　　　　　　　　　　　单位：cm

号型	裙长（L）	腰围（W）
160/68A	48	68

（三）结构图解（图2-45）

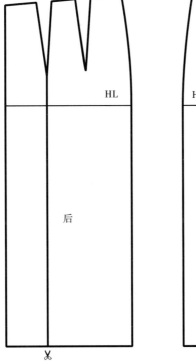
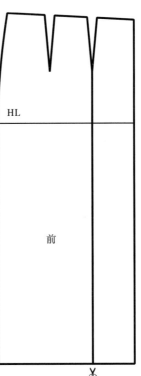

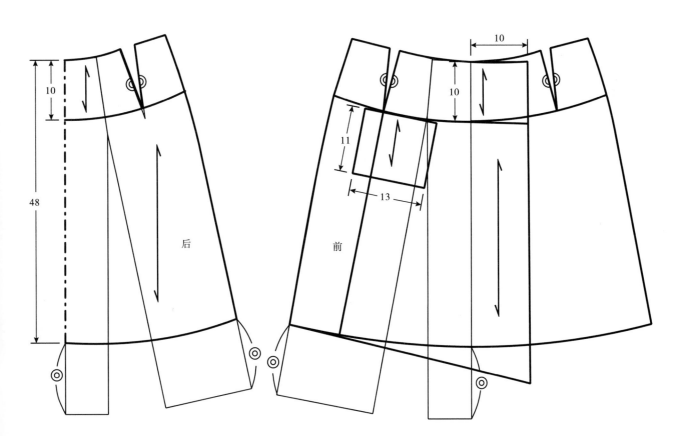

图2-45

（四）纸样设计（图2-46）

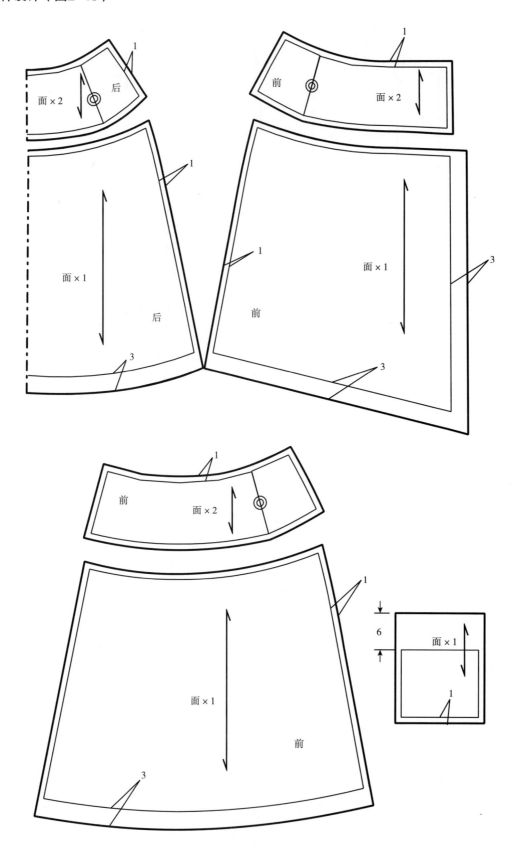

图2-46

十二、陀螺裙

（一）款式（图2-47）

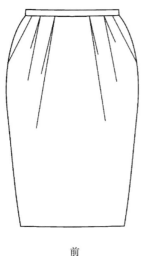 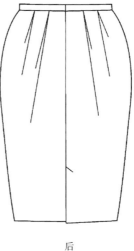

前　　　　　　　　　　　　　　后

图2-47

（二）设计分析

1. 款式分析

此款是陀螺裙，也叫花苞裙。裙的腰省展开，形成褶裥。该裙为收摆裙，为方便迈步，后中做了一个小开衩，裙稍短一点，也可不做开衩。

2. 规格设计（表2-12）

表2-12　　　　　　　　　　　　　　　　　　　　　　　　　　　　　　　　　　单位：cm

号型	裙长（L）	腰围（W）
160/68A	57	68

（三）结构图解（图2-48）

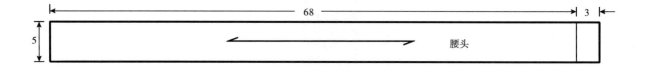

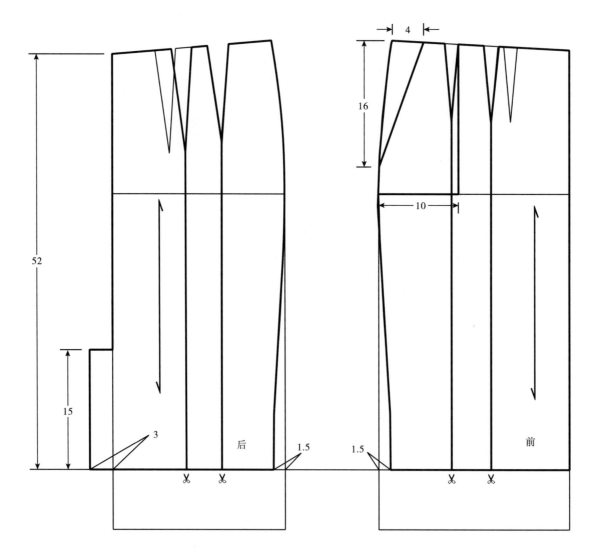

图2-48

（四）纸样设计（图2-49）

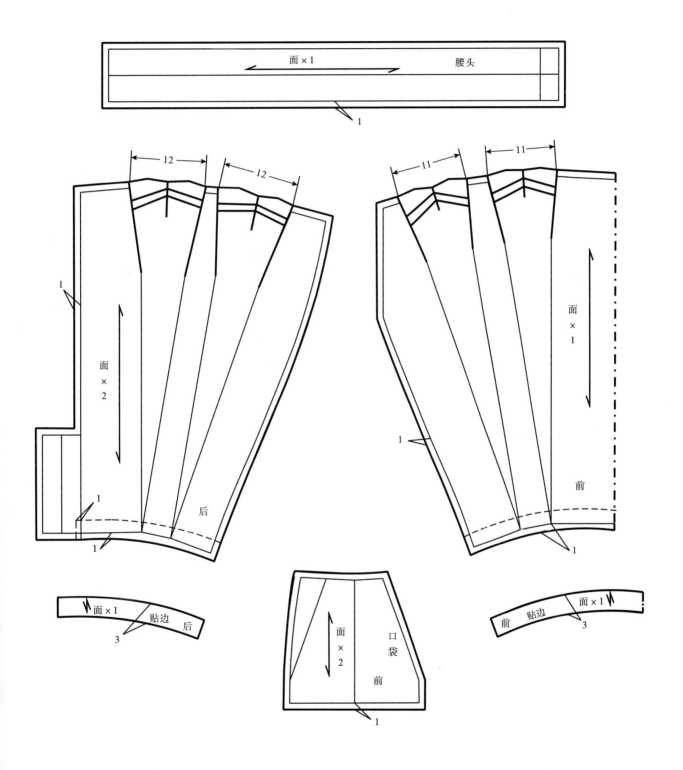

图2-49

第三章　宽松连衣裙的结构设计

第一节　宽松连衣裙主要结构变化

宽松连衣裙通常在衣身结构上设计得比较简单，较少有塑造人体曲面的立体结构。因此，宽松连衣裙的结构变化主要体现在领型与袖型上。

一、领型变化

宽松连衣裙的领型结构变化较为丰富，按结构类型可以分为无领、平领、立领、翻领等，各种领子造型更是变化多样（图 3-1）。

图3-1

二、袖型变化

宽松连衣裙的袖型结构变化更是丰富，按长度可以分为无袖（图 3-2）、短袖、中袖、长袖等；按照袖子与衣身结构关系，可分为插肩袖（图 3-3）、连身袖（图 3-4）、装袖；各种袖子造型更是变化繁多，如灯笼袖、花瓣袖（图 3-5）等。

图3-2　　　　　　　图3-3　　　　　　　图3-4　　　　　　　图3-5

第二节 宽松连衣裙结构设计案例分析

一、半长袖小A型连衣裙

（一）款式（图3-6）

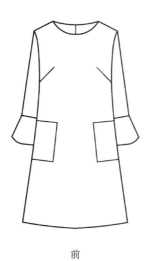
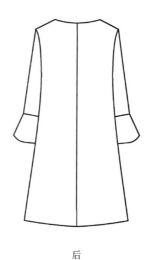

前　　　　　　　　　　　　后

图3-6

（二）设计分析

1. 款式分析

此款是半长袖小 A 型连衣裙。前片胸省转移为法式省（腋下省），下摆放 6cm 的摆量，以方便行走。

2. 规格设计（表3-1）

表3-1
单位：cm

号型	胸围（B）	裙长（L）	肩宽（S）	袖长（SL）
160/84A	96	80	37	47

（三）结构图解

连衣裙的上身结构，在日本文化式原型（见附录）的基础上进行款式变化。日本文化式原型有后肩省，前片胸省较大，不符合此裙款式，需要调整。

此款裙装制图前，把原型后片肩省转移，只剩 0.6cm 在肩线上作为缩缝量；原型前片，预先减少三分之一胸省量，作为袖窿松量，如图 3-7、图 3-8 所示。

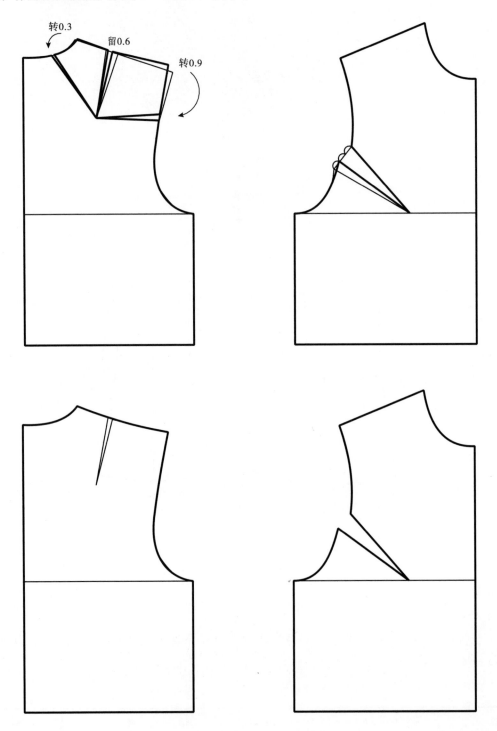

图3-7

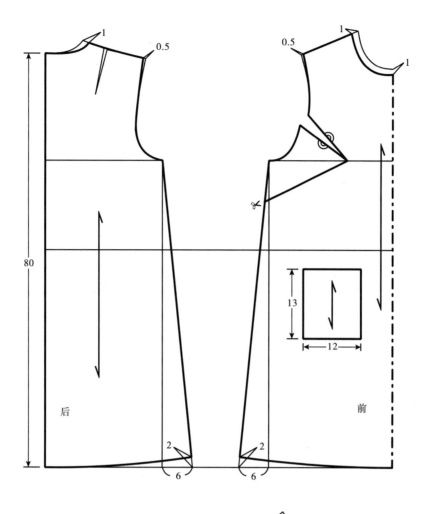

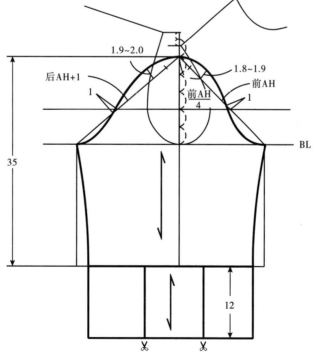

图3-8

（四）纸样设计

此款裙装采用衣身全挂里的结构，如图3-9、图3-10所示。

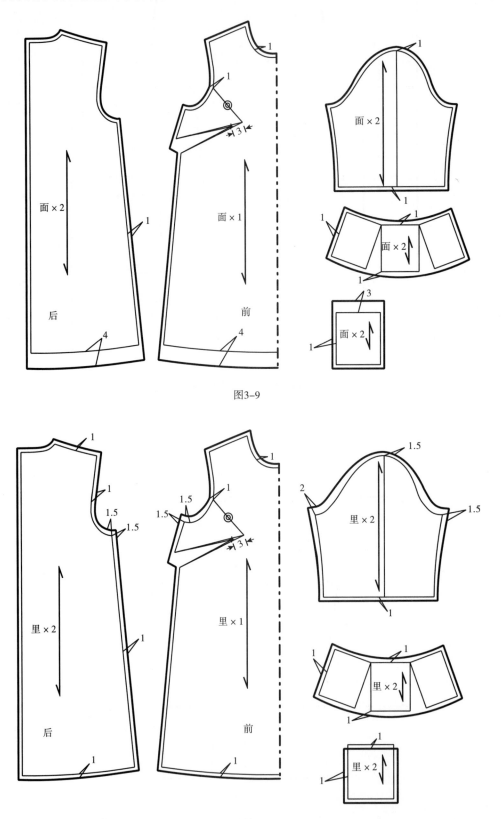

图3-9

图3-10

二、宽松型落肩长袖连衣裙

（一）款式（图3-11）

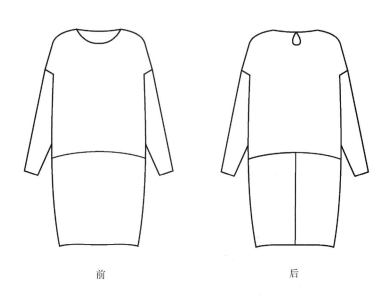

前　　　　　　　　　　　后

图3-11

（二）设计分析

1.款式分析

此款是宽松型落肩连衣裙。胯部分割线以下裙身收紧，形成 T 型效果。

2.规格设计（表3-2）

表3-2

单位：cm

号型	胸围（B）	裙长（L）	袖长（SL）
160/84A	108	80	46

（三）结构图解

此款裙装袖山高 $h=\mathrm{AH}/2 \times 0.25$ ，如图 3-12 所示。

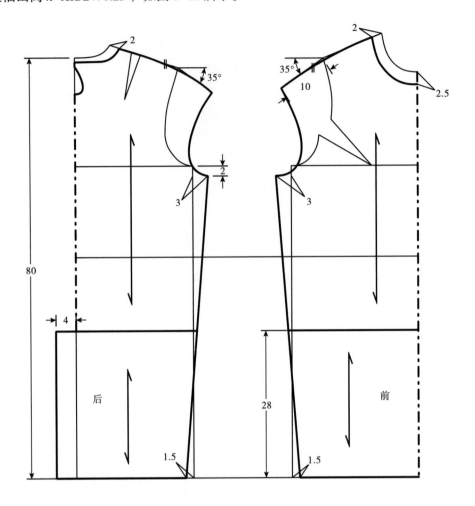

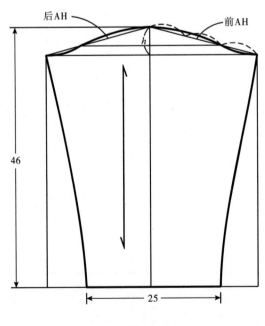

图3-12

（四）纸样设计

此款裙装领口用 45° 斜纱条包边，如图 3-13 所示。

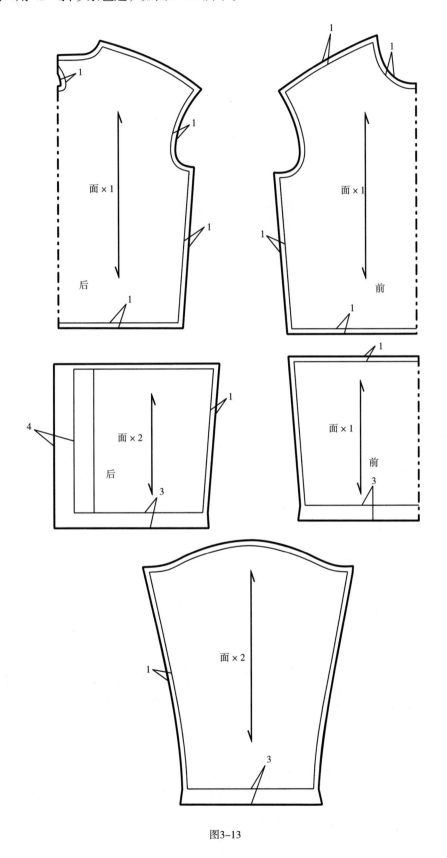

图3-13

三、H型落肩袖连衣裙

（一）款式（图3-14）

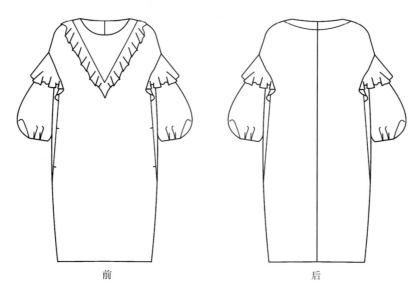

前　　　　　　　　　　　　后

图3-14

（二）设计分析

1. **款式分析**

此款是 H 型落肩袖连衣裙。袖子为灯笼袖，有里子，下口需要展开，并做内层支撑，领口做贴边。

2. **规格设计**（表3-3）

表3-3　　　　　　　　　　　　　　　　　　　　　　　　　　　单位：cm

号型	胸围（B）	裙长（L）	袖长（SL）
160/84A	96	78	25

（三）结构图解

荷叶边采用直接制图法，形成均匀的波浪。此款裙装袖山高 $h=AH/2 \times 0.4$，如图 3-15、图 3-16 所示。

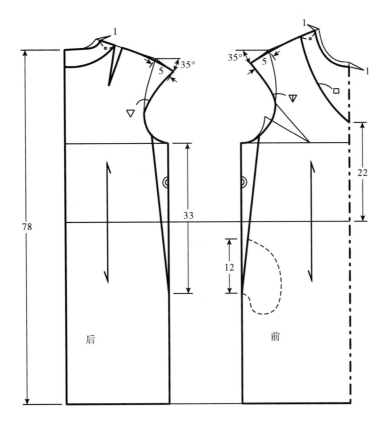

图3-15

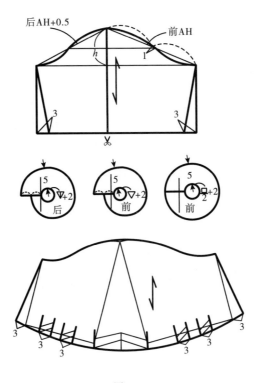

图3-16

（四）纸样设计（图3-17）

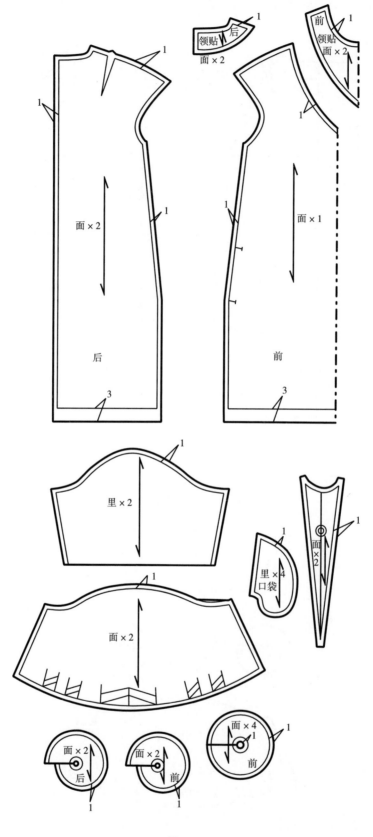

图3-17

四、H型小立领连衣裙

（一）款式（图3-18）

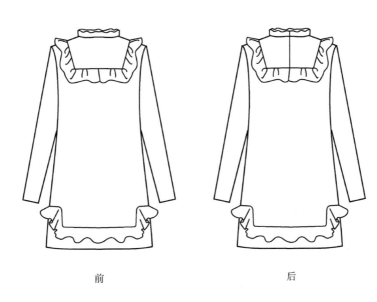

前　　　　　　　　　　　　　　后

图3-18

（二）设计分析

1.款式分析

此款是H型小立领连衣裙。部分胸省、肩省转移至肩上的破缝线处。

2.规格设计（表3-4）

表3-4　　　　　　　　　　　　　　　　　　　　　　　　单位：cm

号型	胸围（B）	裙长（L）	肩宽（S）	袖长（SL）
160/84A	96	80	37.5	56

（三）结构图解

预先消除原型前片二分之一胸省量，作为袖窿松量，如图 3-19、图 3-20 所示。

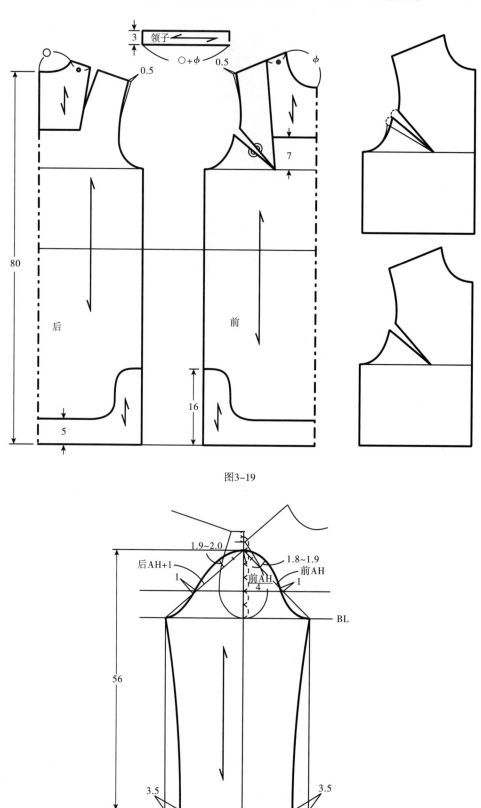

图3-19

图3-20

（四）纸样设计

此款裙装领子采用 4cm 宽成品花边单层。衣身胸部破缝采用 8cm 宽成品花边，1.5 倍褶量。衣身下摆破缝采用 8cm 宽成品花边，无褶量，因此没有制作花边纸样，其他衣片纸样如图 3-21 所示。

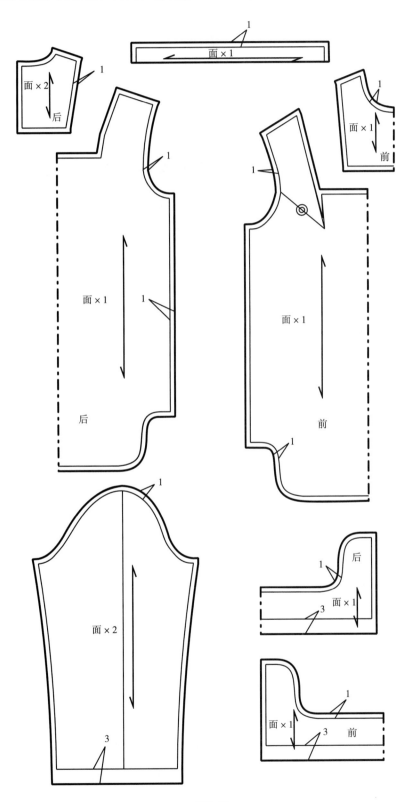

图3-21

五、宽松型旗袍

（一）款式（图3-22）

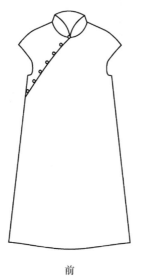
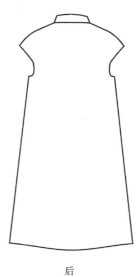

前　　　　　　　　　　　　后

图3-22

（二）设计分析

1. 款式分析

此款是宽松型旗袍。裙子连身采用小落肩袖，下摆呈A字型不开衩。

2. 规格设计（表3-5）

表3-5　　　　　　　　　　　　　　　　　　　　　　　　　　　　单位：cm

号型	胸围（B）	裙长（L）	袖长（SL）
160/84A	96	89	5

（三）结构图解（图3-23）

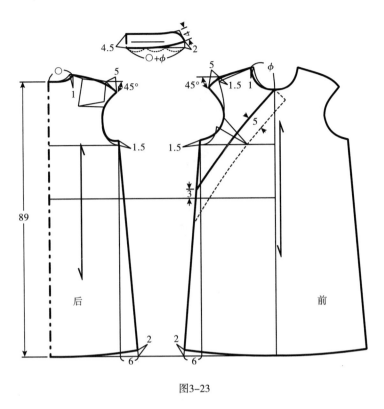

图3-23

（四）纸样设计

此款裙装前门襟交叠处不放缝头，采用45°斜纱条包边，如图 3-24 所示。

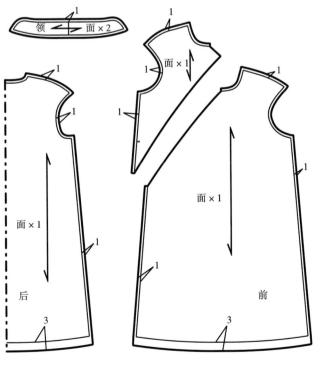

图3-24

六、插肩袖连衣裙

（一）款式（图3-25）

前　　　　　　　　　　后

图3-25

（二）设计分析

1. 款式分析

此款是前短后长的插肩袖连衣裙。裙身在前中、侧缝、后中都贴装饰线条。领口与下摆均做贴边，最后用暗缝针法固定贴边。

2. 规格设计（表3-6）

表3-6

单位：cm

号型	胸围（B）	裙长（L）	袖长（SL）
160/84A	100	92	30

（三）结构图解（图3-26）

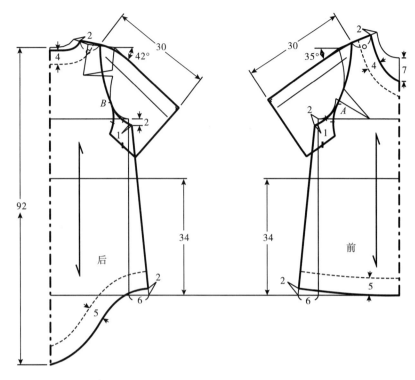

图3-26

（四）纸样设计（图3-27）

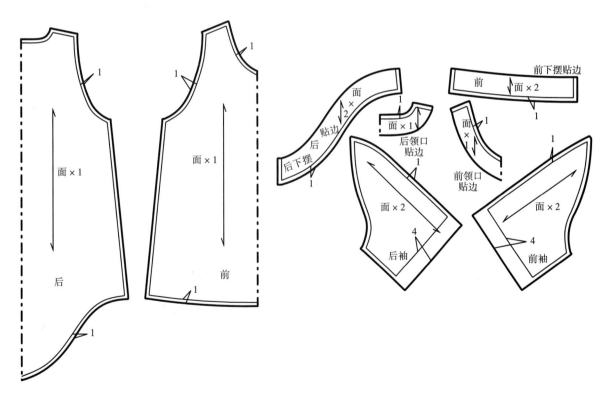

图3-27

七、低V领褶裥连衣裙

（一）款式（图3-28）

前　　　　　　　　　　　　后

图3-28

（二）设计分析

1. 款式分析

此款是低V领连衣裙。衣身前片领口开口低，需要增加胸口省，下摆为褶裥裙。

2. 规格设计（表3-7）

表3-7　　　　　　　　　　　　　　　　　　　　　　　　　　　　　　单位：cm

号型	胸围（B）	裙长（L）	肩宽（S）	袖长（SL）
160/84A	96	91	37.5	22

（三）结构图解

此款裙装制图前，把原型后片肩省道转移，只剩 0.6cm 在肩线上作为缩缝量；预先减少原型前片三分之一胸省量，作为袖窿松量，如图 3-29 所示。

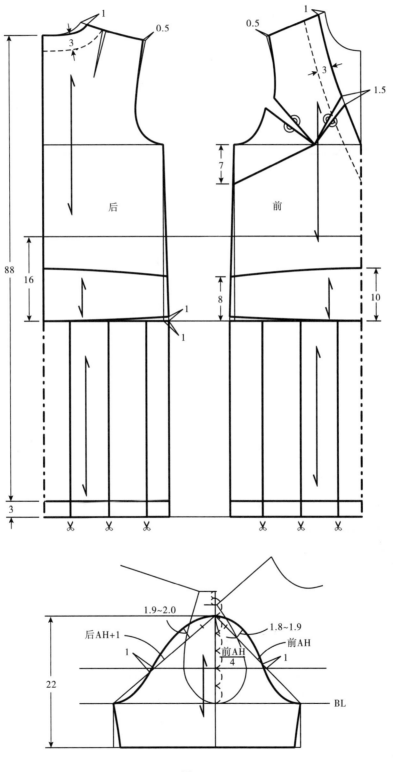

图3-29

（四）纸样设计

此款连衣裙的裙子部分挂里，形成两层结构。里子下摆的褶裥，一般不在板样上放出来，而是在布料上先缝好褶裥，再按照板样裁剪，如图 3-30、图 3-31 所示。

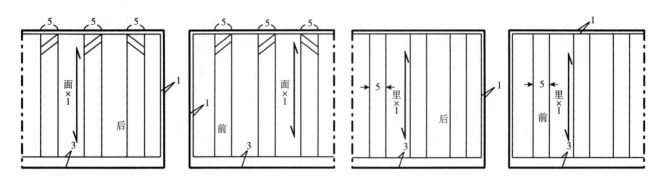

图3-30

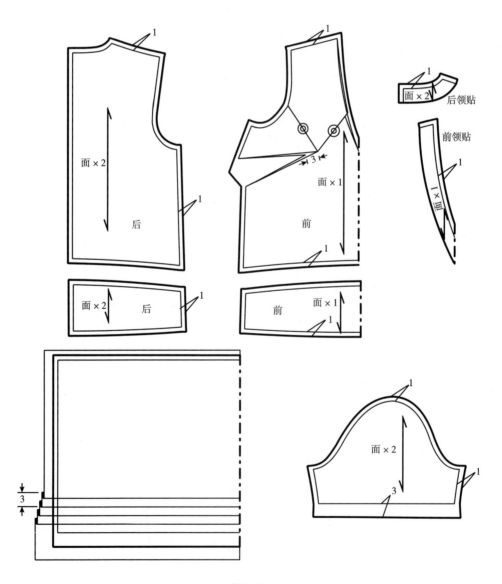

图3-31

八、V字领H型连衣裙

（一）款式（图3-32）

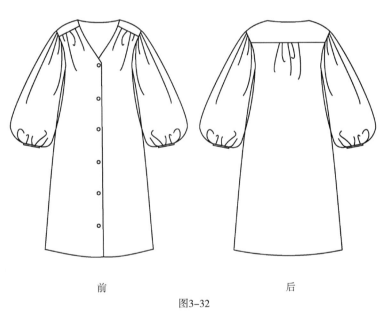

前　　　　　　　　　　　　后

图3-32

（二）设计分析

1.款式分析

此款是V字领H型连衣裙。袖子为灯笼长袖，下摆略呈A型。胸省转移至肩部，形成褶裥，肩部有育克。

2.规格设计（表3-8）

表3-8
单位：cm

号型	胸围（B）	裙长（L）	肩宽（S）	袖长（SL）
160/84A	106~122	80	37	56.5

（三）结构图解

此款连衣裙裙身采用双层结构，因而省去门襟结构。衣身前片领口开口低，需要增加胸口省，袖口贴边宽 1.5cm，如图 3-33 所示。

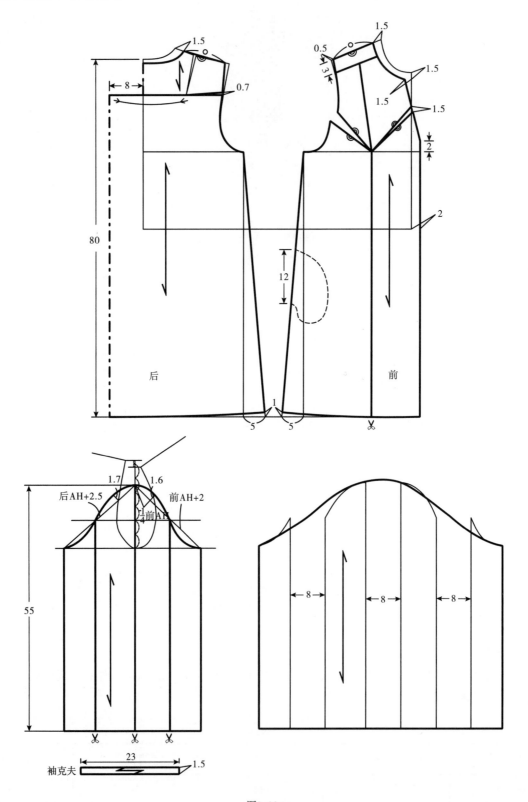

图3-33

（四）纸样设计

此款裙装采用衣身挂里，如图 3-34、图 3-35 所示。

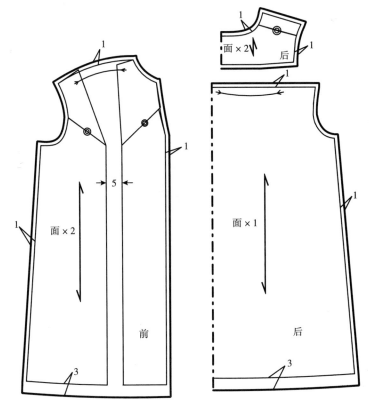

图3-34

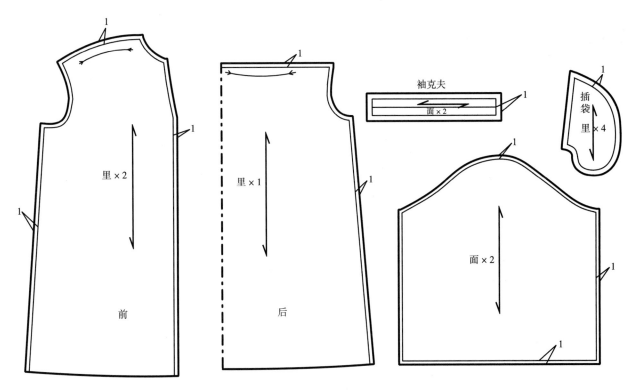

图3-35

九、小翻领长袖连衣裙

（一）款式（图3-36）

前　　　　　　　　　　　后

图3-36

（二）设计分析

1. 款式分析

此款连衣裙为小翻领长袖连衣裙，腰部分缝抽褶，胸省、肩省全部放开，形成松量。

2. 规格设计（表3-9）

表3-9　　　　　　　　　　　　　　　　　　　　　　　　　　　　　单位：cm

号型	胸围（B）	裙长（L）	肩宽（S）	袖长（SL）	领高
160/84A	100	91	38.5	56	6

（三）结构图解

此款裙装制图前，把原型后片肩省合并转移，只剩 0.6cm 在肩线上作为缩缝量；预先减少原型前片三分之一胸省量，作为袖窿松量。前片剩余胸省量转移为腰部松量，具体如图 3-37、图 3-38 所示。

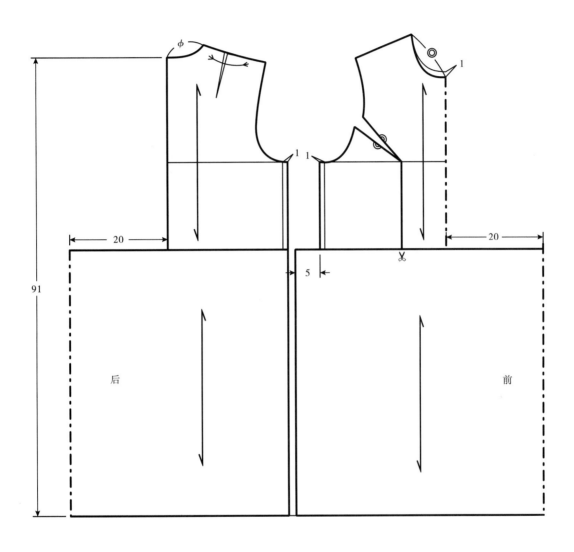

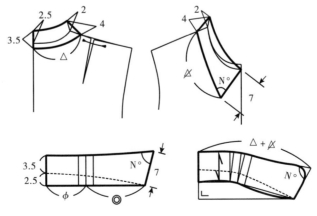

图3-37

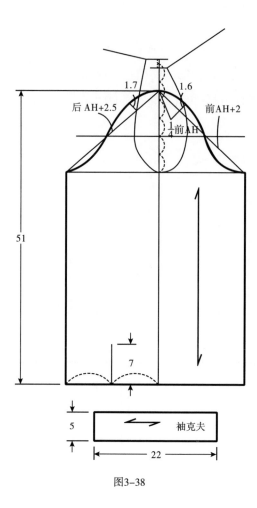

后 AH+2.5   1.7   1.6   前 AH+2

$\frac{1}{4}$前 AH

51

7

5   袖克夫

22

图3-38

（四）纸样设计（图3-39、图3-40）

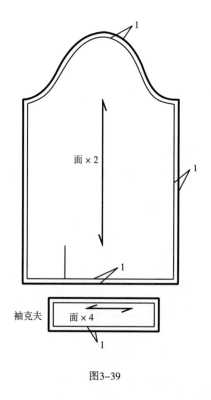

1

面 × 2

1

1

袖克夫   面 × 4

1

图3-39

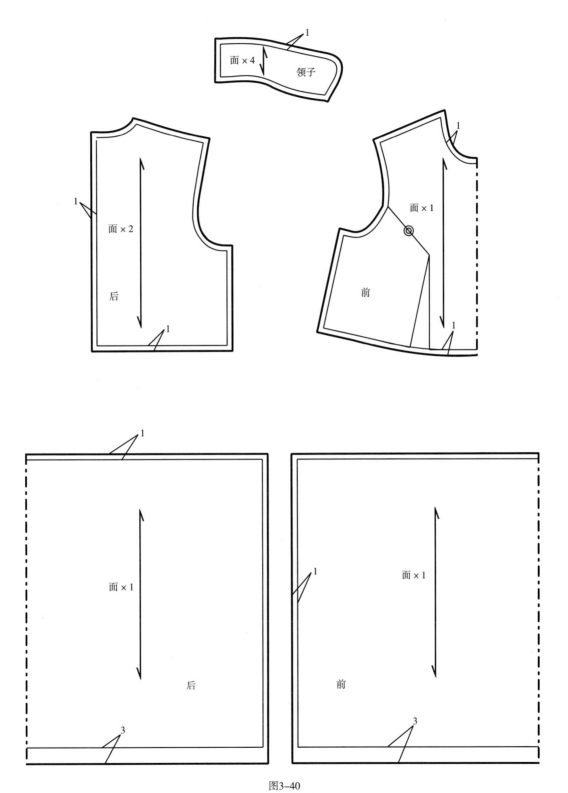

面×4　领子

面×2　后

面×1　前

面×1　后

面×1　前

图3-40

十、长袖束腰连衣裙

（一）款式（图3-41）

前　　　　　　　　　　　后

图3-41

（二）设计分析

1. 款式分析

此款长袖束腰连衣裙，衣身采用三种不同面料，下半身为小 A 摆裙，腰部采用内贴边，中间抽绳。

2. 规格设计（表3-10）

表3-10　　　　　　　　　　　　　　　　　　　　　　　单位：cm

号型	胸围（B）	裙长（L）	肩宽（S）	袖长（SL）
160/84A	92	85	37	47

（三）结构图解（图3-42、图3-43）

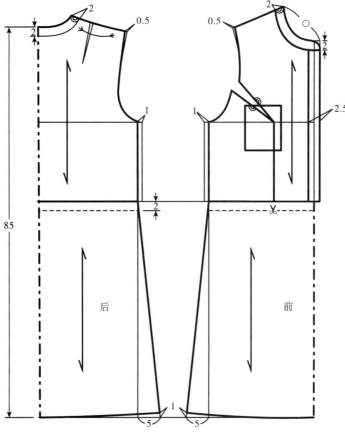

图3-42

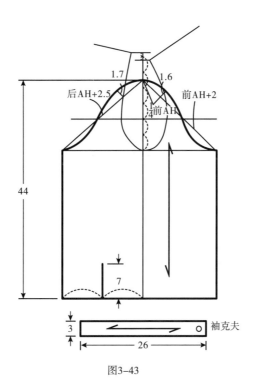

图3-43

（四）纸样设计

此款裙装部分衣身与裙子采用面料 1，领子与袖克夫采用面料 2，部分衣身采用面料 3，具体如图 3-44、图 3-45 所示。

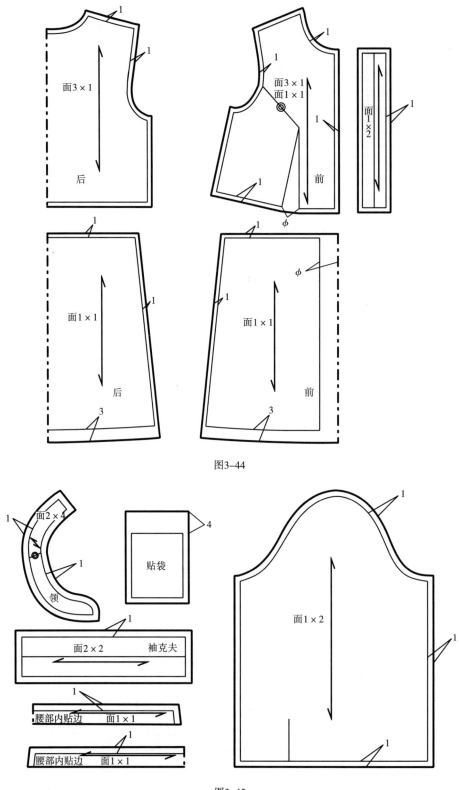

图3-44

图3-45

十一、插肩长袖连衣裙

（一）款式（图3-46）

前　　　　　　　　　　　后

图3-46

（二）设计分析

1.款式分析

此款为长袖插肩袖连衣裙，裙身在腰围线处用宽松紧带收紧。V型领口开口较大，领口采用抽绳，以调节领口大小。

2.规格设计（表3-11）

表3-11 单位：cm

号型	胸围（B）	裙长（L）	袖长（SL）
160/84A	100	106	56

（三）结构图解（图3-47、图3-48）

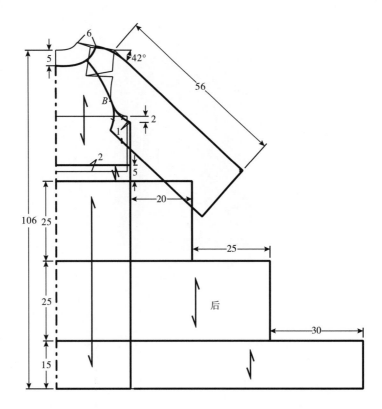

图3-47

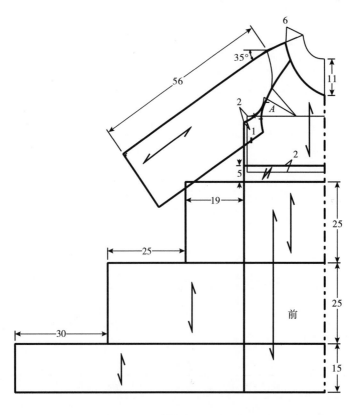

图3-48

（四）纸样设计

　　此款裙装衣身与裙子挂里，袖子采用单层结构。领口用领口线 2 倍长的成品花边，花边宽度 3cm，具体纸样如图 3-49、图 3-50 所示。

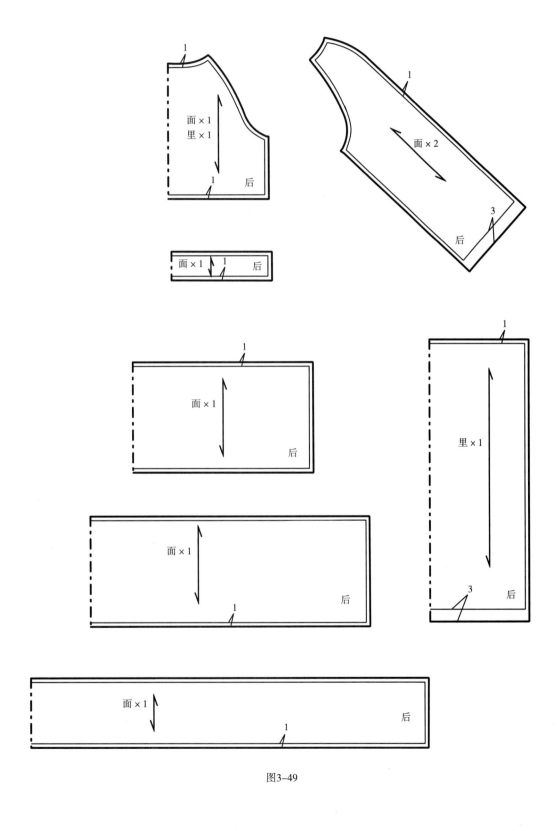

图3-49

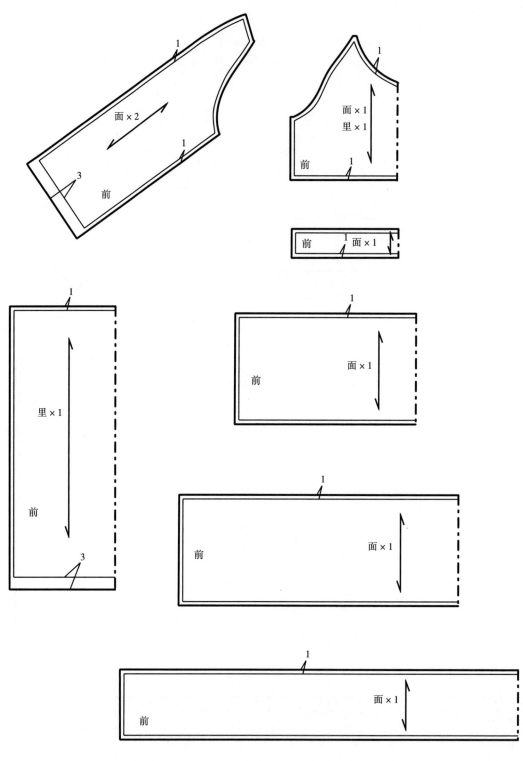

图3-50

十二、长袖H型低领口连衣裙

（一）款式（图3-51）

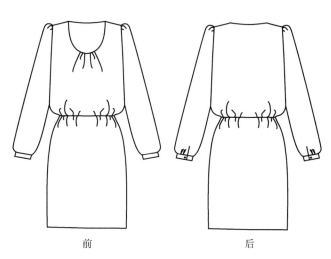

前　　　　　　　　　后

图3-51

（二）设计分析

1.款式分析

此款是长袖 H 型低领口连衣裙。胸省转移成领口褶裥，腰上绱松紧带。由于袖子为泡泡袖，所以肩宽略小。

2.规格设计（表3-12）

表3-12　　　　　　　　　　　　　　　　　　　　　　　　　　　单位：cm

号型	胸围（B）	裙长（L）	肩宽（S）	袖长（SL）
160/84A	96	85	36	57

（三）结构图解

衣身前片领口开口低，需要增加领口省，如图 3-52 所示。

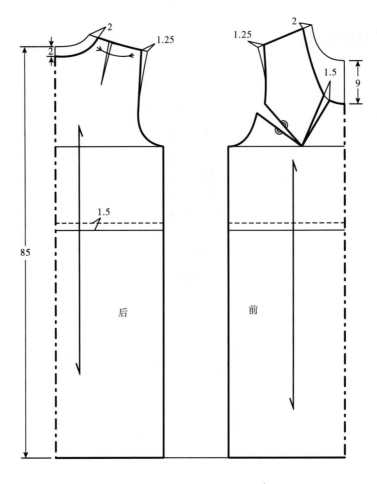

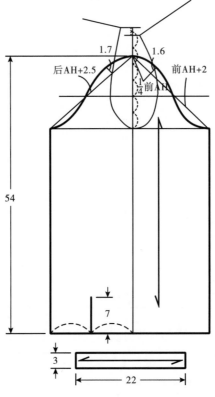

图3-52

（四）纸样设计（图3-53）

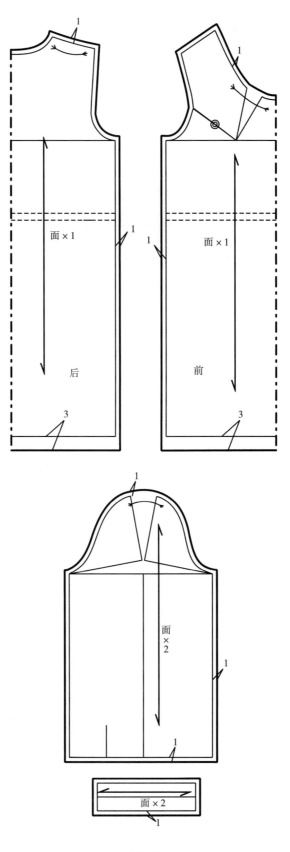

图3-53

十三、连身袖小翻领连衣裙

（一）款式（图3-54）

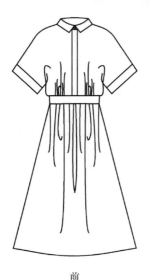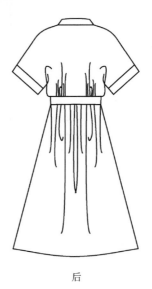

前　　　　　　　　　　　　后

图3-54

（二）设计分析

1.款式分析

此款为连身袖小翻领连衣裙。适腰的宽腰带产生束腰效果，需要在腰部侧缝安装隐形拉链，方便穿脱。

2.规格设计（表3-13）

表3-13　　　　　　　　　　　　　　　　　　　　单位：cm

号型	胸围（B）	腰围（W）	裙长（L）	袖长（SL）
160/84A	114	72	105	26

（三）结构图解（图3-55）

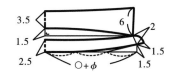

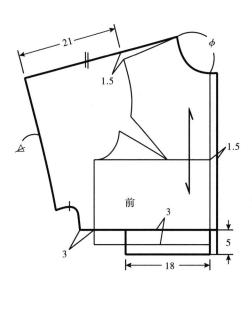

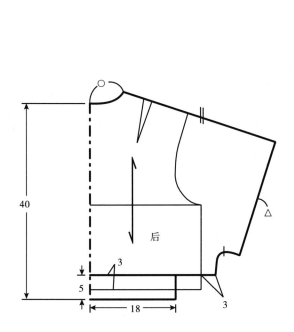

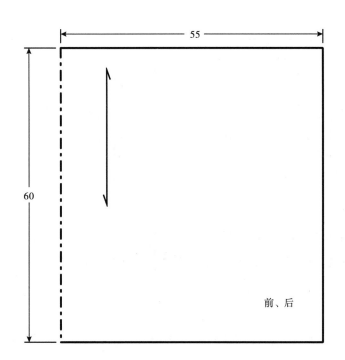

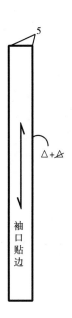

图3-55

（四）纸样设计

面料正反面差异较小，前门襟由面料反面翻折而成，因此为门襟放缝形式，如图 3-56 所示。

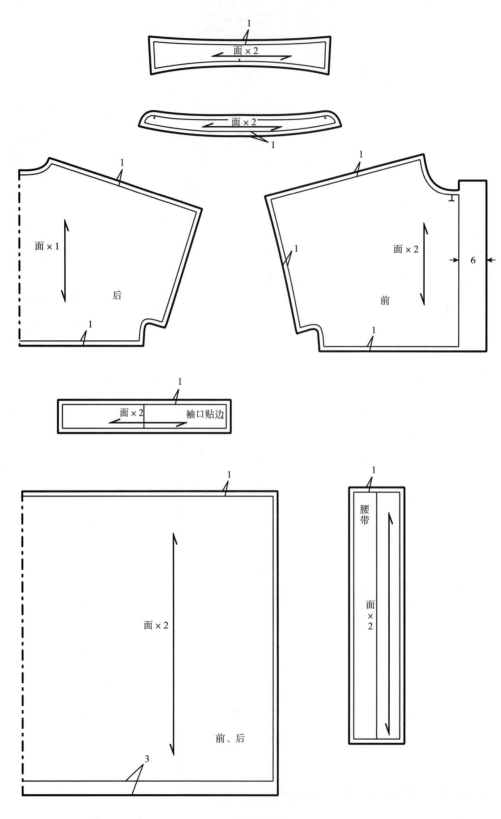

图3-56

十四、一字领H型连衣裙

（一）款式（图3-57）

前　　　　　　　　　　　　后

图3-57

（二）设计分析

1.款式分析

此款式为一字领H型连衣裙，略微收腰。裙子在前腹处有交叉的褶裥，这是这款裙子设计的视觉中心，趣味性较强。

2.规格设计（表3-14）

表3-14　　　　　　　　　　　　　　　　　　　　　　　单位：cm

号型	胸围（B）	裙长（L）	肩宽（S）	袖长（SL）
160/84A	96	85	38.5	28

（三）结构图解

前中向上增加 1cm 量，更好地满足一字领造型。腹部（腰围线下 8cm）按照褶裥形状，规划剪切线，前胸省也转移到腹部褶裥处。

后片的肩胛骨省道大部分转移到袖窿，留 0.2~0.3cm 在领口，具体如图 3-58、图 3-59 所示。

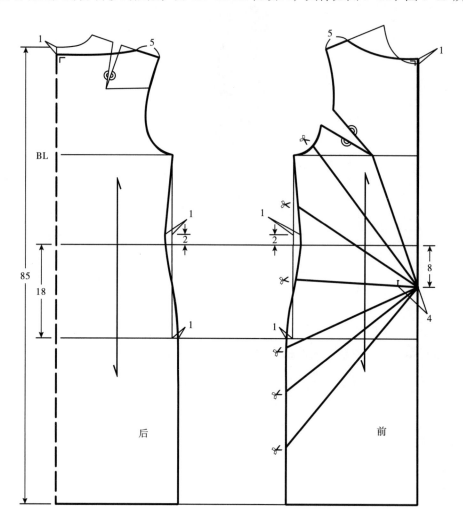

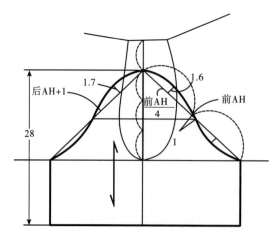

图3-58

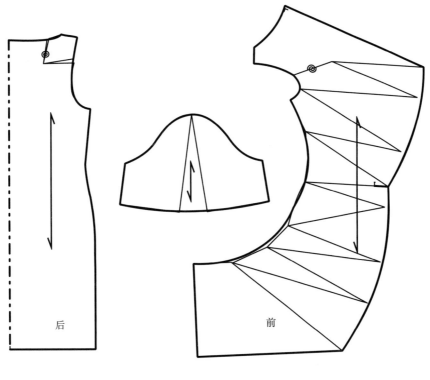

图3-59

（四）纸样设计

领口采用 3.5cm 宽的 45° 斜条，向外包边处理，此处省略斜条结构。前腹褶裥交叉处，向内留 4cm 的剪切口，方便褶子交叉，具体如图 3-60 所示。

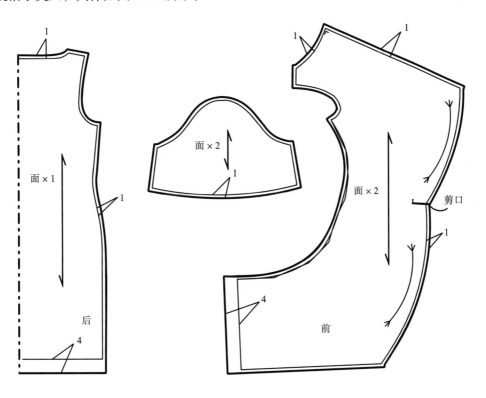

图3-60

第四章　合体连衣裙的结构设计

第一节　合体连衣裙主要结构变化

　　合体连衣裙的结构，除了有与半身裙、宽松连衣裙相似的变化形式外，最主要的还有在裙子合体程度不变的情况下，进行省道的结构转移。转移省道的位置与数量，或把省道转移为分割缝（图4-1）、褶裥（图4-2）等，从而达到合体优雅的曲线美效果。

图4-1

图4-2

第二节　合体连衣裙结构设计案例分析

一、无袖挖领连衣裙

（一）款式（图4-3）

 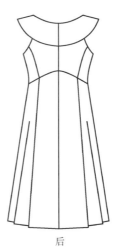

前　　　　　　　　　　　　后

图4-3

（二）设计分析

1. 款式分析

　　此款无袖连衣裙上身分割线呈 V 型背带视觉效果，并塑造了胸部合体造型，下半身为喇叭裙（圆裙）结构。由于为束胸款式，胸围放松量尽量小，可在侧缝袖窿底部安一小段松紧带，调节胸部放松量。

2. 规格设计（表4-1）

表4-1　　　　　　　　　　　　　　　　　　　　　　　　　　　　　　　　　　单位：cm

号型	胸围（B）	裙长（L）	肩宽（S）
160/84A	86	84	34.5

（三）结构图解（图4-4）

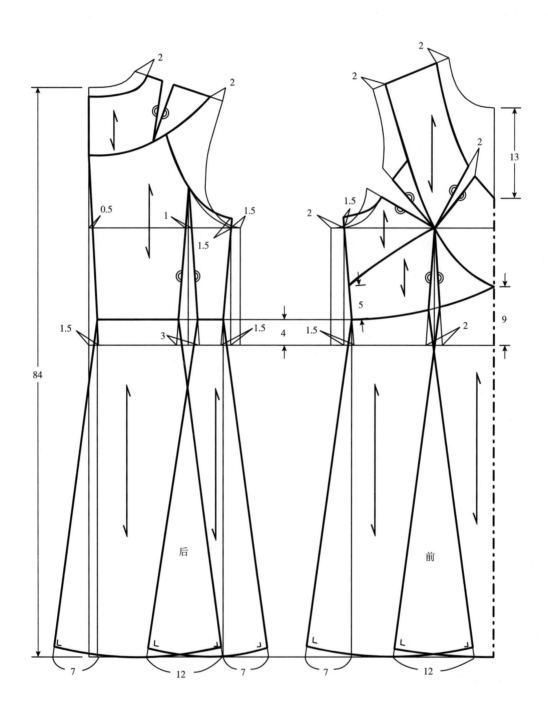

图4-4

（四）纸样设计

　　此款裙装采用上衣身全挂里的结构。具体如图4-5所示。

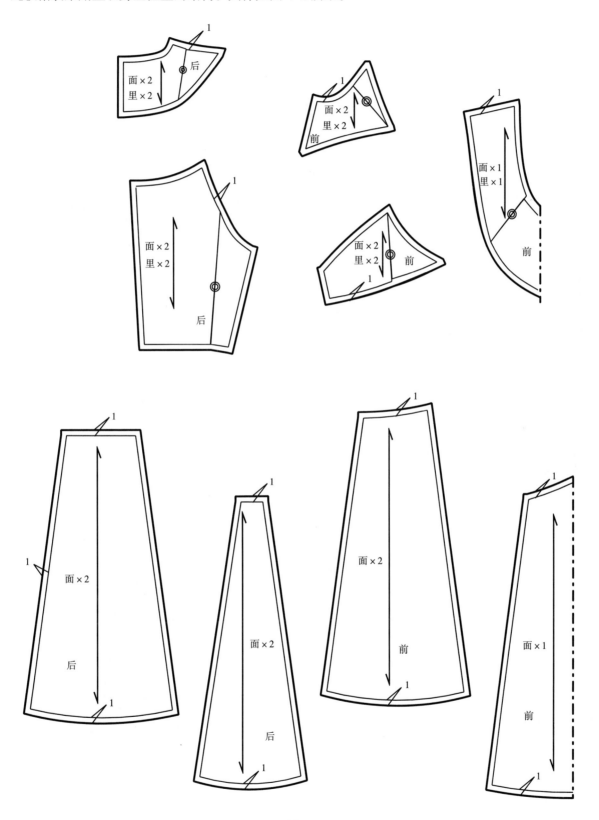

图4-5

二、公主线分割连衣裙

（一）款式（图4-6）

前　　　　后

图4-6

（二）设计分析

1. 款式分析

此款是公主线分割款式连衣裙。裙身拟合人体曲线，胸部贴体，可不留胸围放松量。此款连衣裙可日常穿着，也可作为小礼服穿着。

2. 规格设计（表4-2）

表4-2　　　　　　　　　　　　　　　　　　　　　　单位：cm

号型	胸围（B）	臀围（H）	腰围（W）	裙长（L）
160/84A	84	94	70	136

（三）结构图解（图4-7）

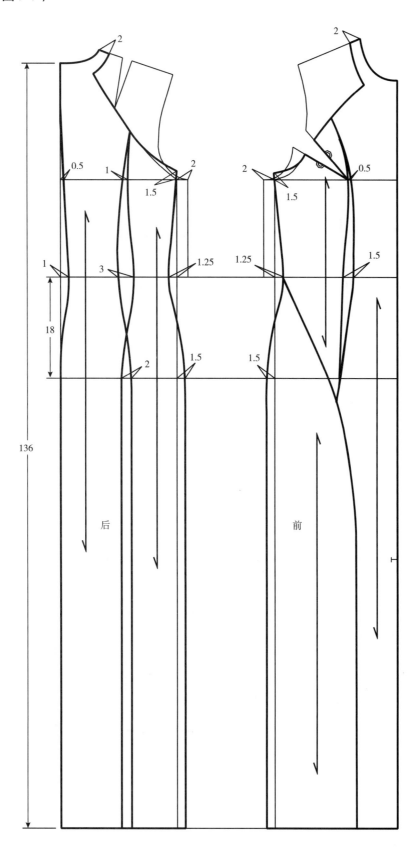

图4-7

（四）纸样设计

此款裙装采用衣身全挂里的结构，具体如图 4-8、图 4-9 所示。

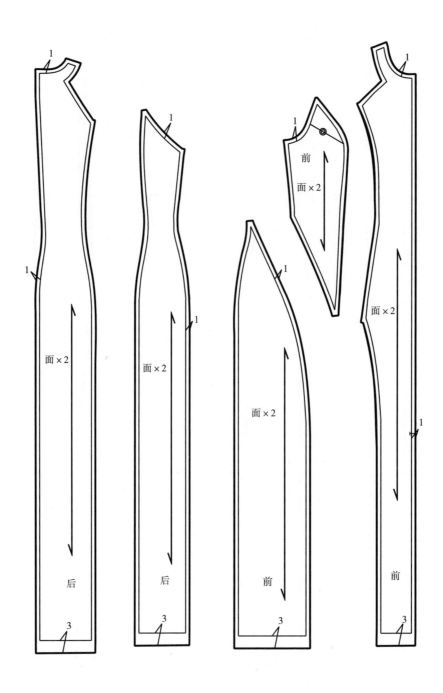

图4-8

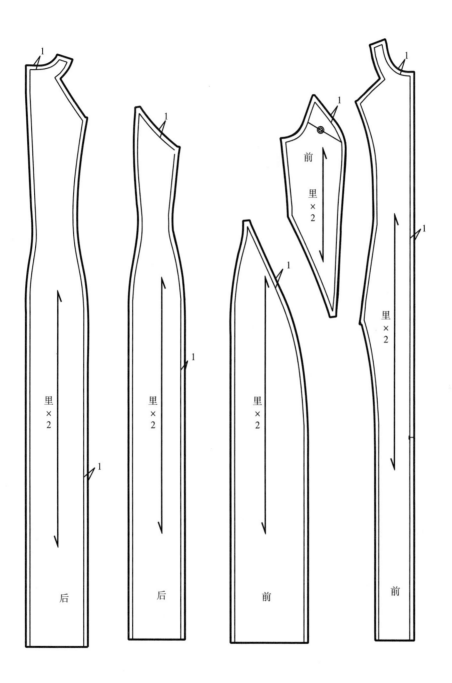

图4-9

三、荷叶边垂褶袖连衣裙

（一）款式（图4-10）

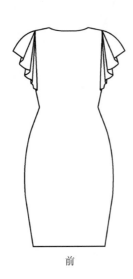　　　　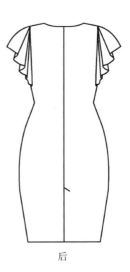

前　　　　　　　　　　后

图4-10

（二）设计分析

1. 款式分析

此款连衣裙虽没有腰省，但整体廓型为合体型，腰省用松紧带抽缩为褶皱。袖子为荷叶边展开，在后中安装拉链。

2. 规格设计（表4-3）

表4-3
单位：cm

号型	胸围（B）	臀围（H）	肩宽（S）	袖长（SL）	裙长（L）
160/84A	88	95	34	10	84

（三）结构图解

此袖为低袖山袖型，袖山高 $h=\mathrm{AH}/2 \times 0.3$，如图 4-11 所示。

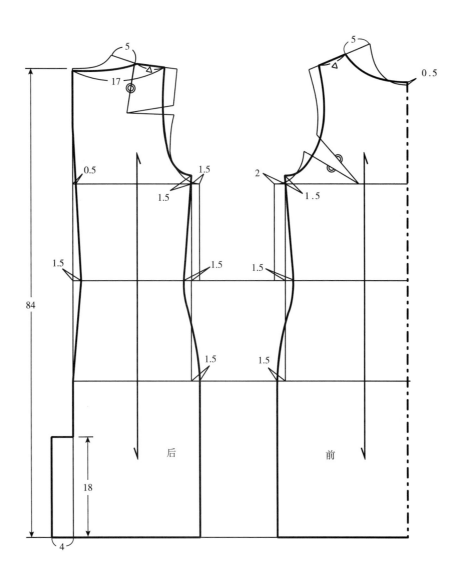

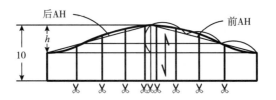

图4-11

（四）纸样设计

此款裙装采用上身挂里的结构，如图 4-12 所示。

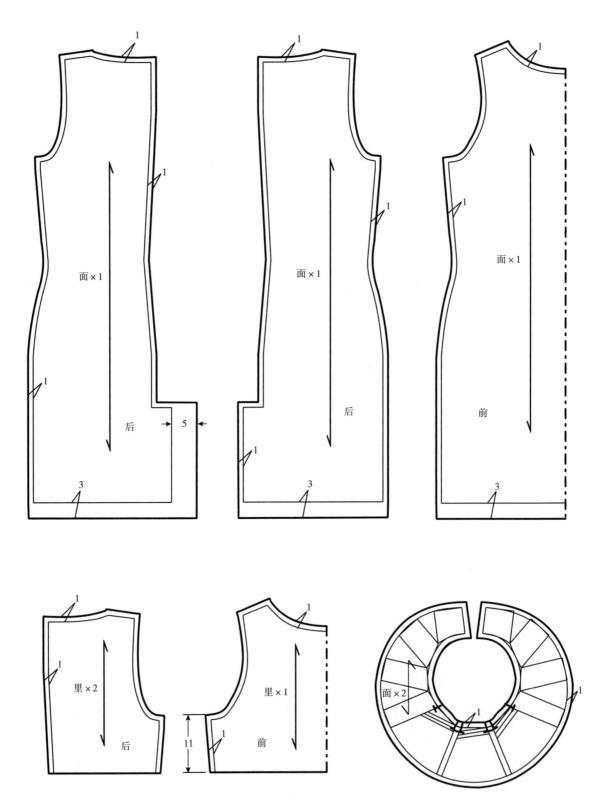

图4-12

四、背带式喇叭连衣裙

（一）款式（图4-13）

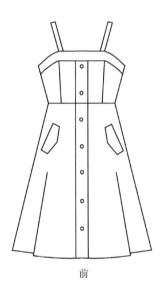
前

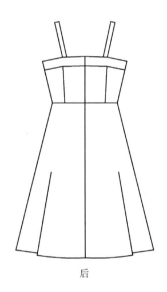
后

图4-13

（二）设计分析

1. 款式分析

背带连衣裙分为上下两部分，上身省道转为公主线分割，下半身为喇叭裙。虽是束胸结构，但裙子为外穿款式，胸围可以加放一定的运动松量。

2. 规格设计（表4-4）

表4-4   单位：cm

号型	胸围（B）	裙长（L）
160/84A	88	88

（三）结构图解（图4-14）

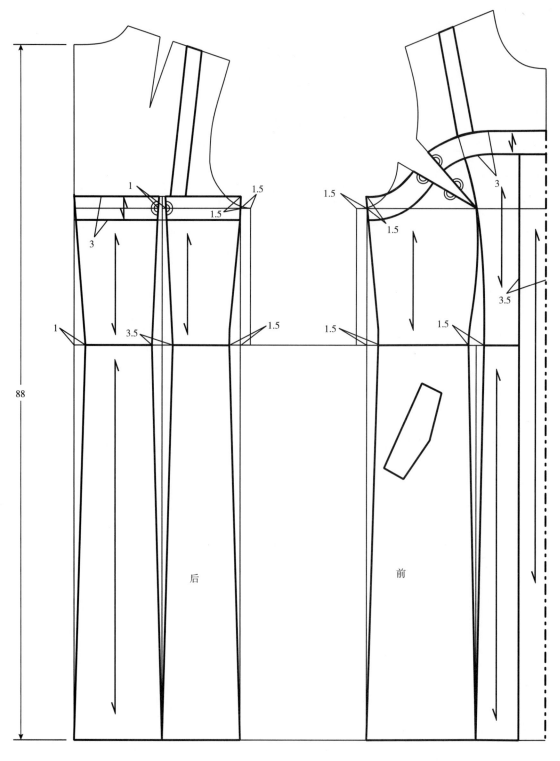

图4-14

（四）纸样设计

此款裙装背带为成品织带，因此不进行纸样设计。公主线合并，裙摆展开，该裙纸样设计如图 4-15 所示。

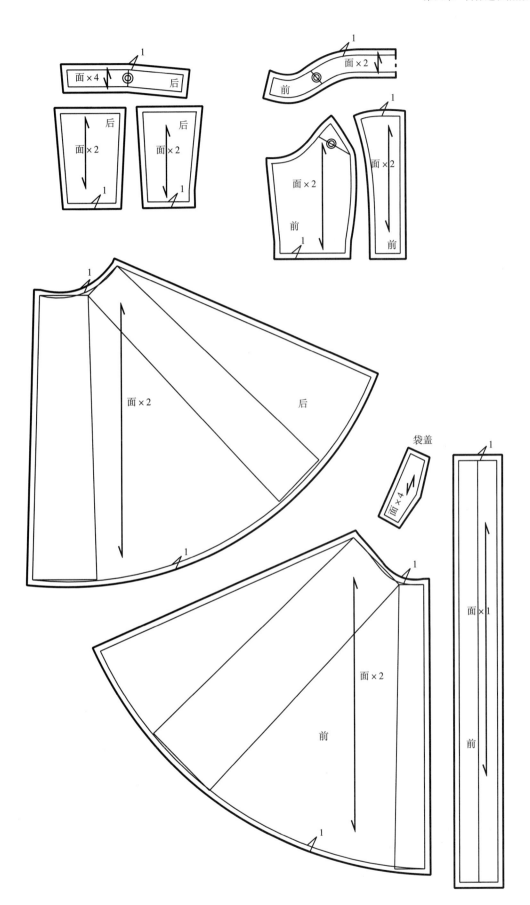

图4-15

五、背带式褶裥连衣裙

（一）款式（图4-16）

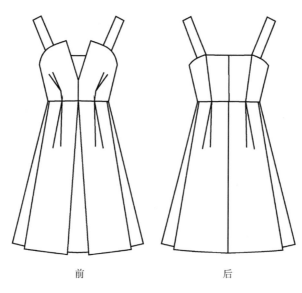

前　　　　　　后

图4-16

（二）设计分析

1. 款式分析

此款背带连衣裙前片胸省全部转移至腰部，形成褶裥。腰线断开，下摆为褶裥裙。裙子为外穿款式，胸围可以加放一定的运动松量。

2. 规格设计（表4-5）

单位：cm

表4-5

号型	胸围（B）	裙长（L）	腰围（W）
160/84A	88	80	72

（三）结构图解（图4-17）

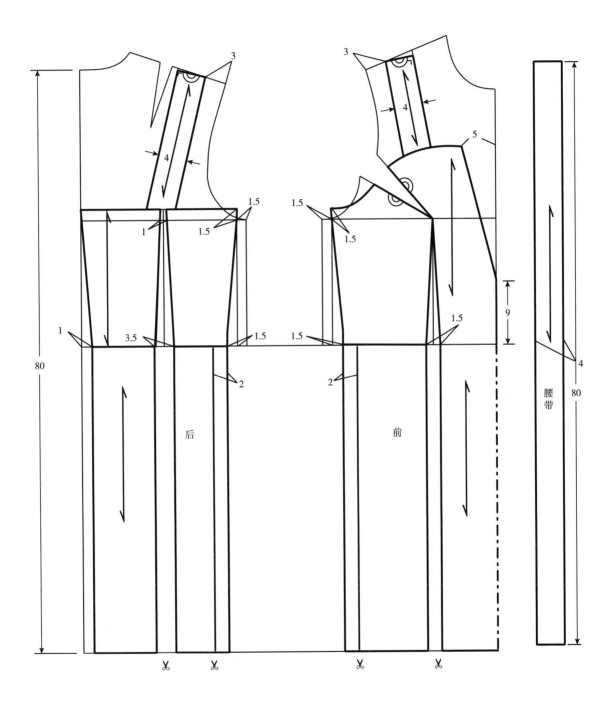

图4-17

（四）纸样设计

此款裙装采用两种面料，腰带的镶边线为 45° 斜纱条，没有进行纸样设计，具体如图 4-18 所示。

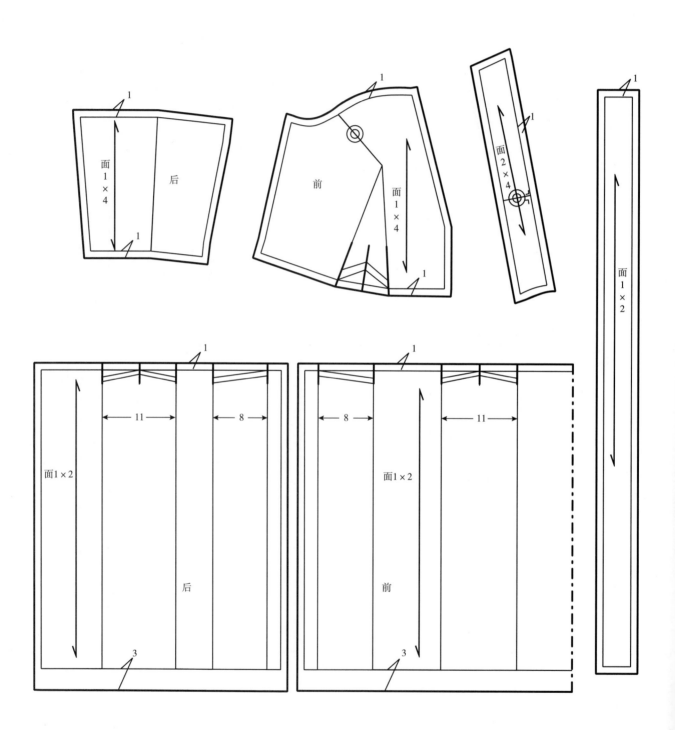

图4-18

六、吊带式连衣裙

（一）款式（图4-19）

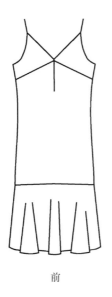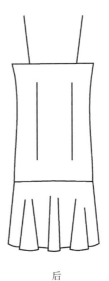

前　　　　　　　　　　后

图4-19

（二）设计分析

1. 款式分析

此款吊带式连衣裙，由于是外穿款式，胸围可以加放一定运动松量。为保证胸部贴体，可在前胸增加一个领口省。

2. 规格设计（表4-6）

表4-6　　　　　　　　　　　　　　　　　　　　　　　单位：cm

号型	胸围（B）	裙长（L）	臀围（H）	腰围（W）
160/84A	88	80	95	77

（三）结构图解（图4-20）

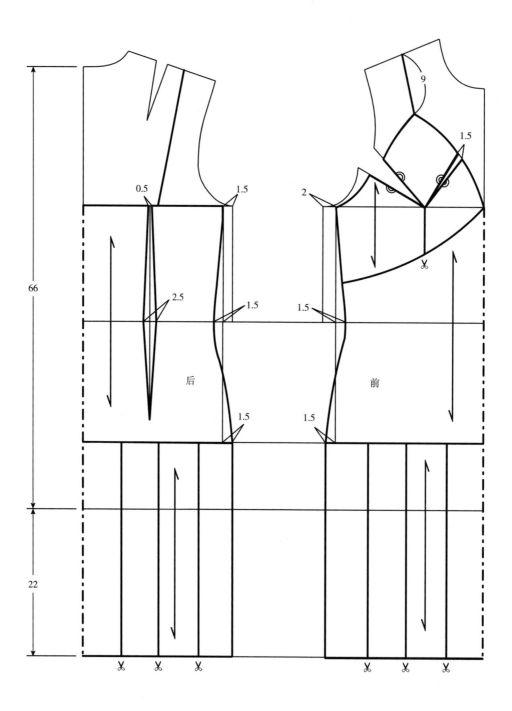

图4-20

（四）纸样设计

此款裙装上身采用挂里的结构裙摆展开为无褶斜裙，具体纸样设计如图4-21所示。

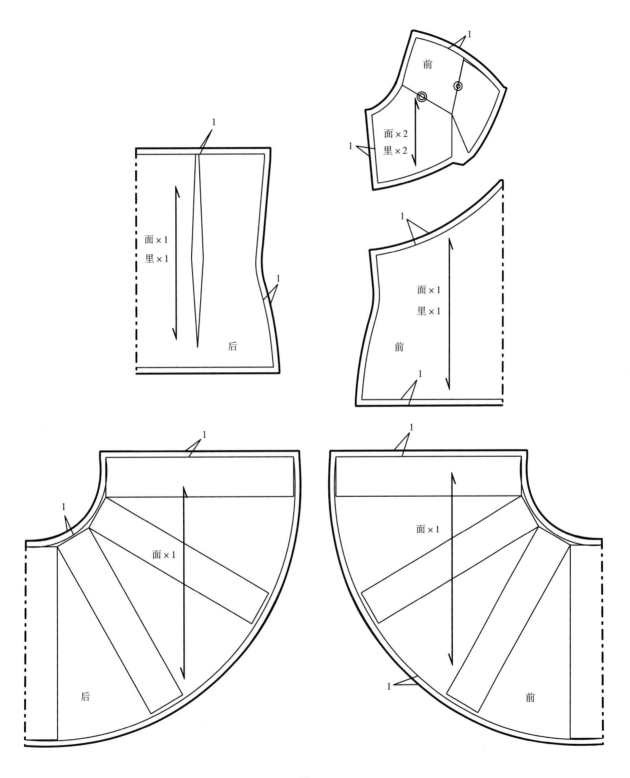

图4-21

七、插肩袖连衣裙

（一）款式（图4-22）

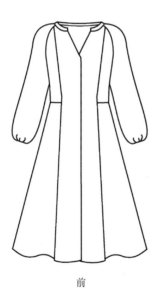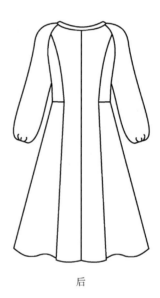

前　　　　　　　　　　后

图4-22

（二）设计分析

1. 款式分析

此款是为插肩袖连衣裙。裙身采用公主线分割，解决了上身的胸省与腰省量，下身放出裙摆量。

2. 规格设计（表4-7）

表4-7　　　　　　　　　　　　　　　　　　单位：cm

号型	胸围（B）	腰围（W）	袖长（SL）	裙长（L）	肩宽（S）
160/84A	88	71	45	88	38.5

（三）结构图解

前片胸省闭合三分之二，另外三分之一胸省量作为袖窿松量，如图4-23所示。

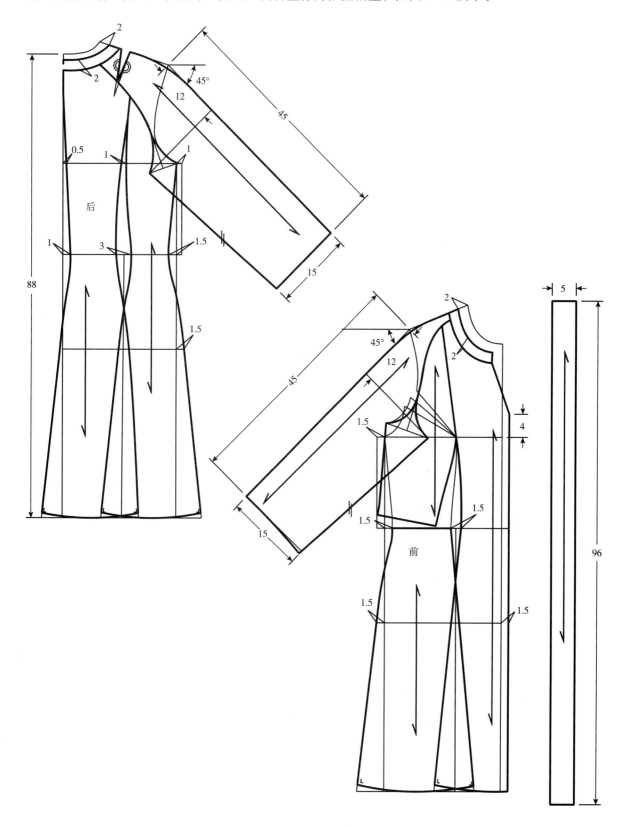

图4-23

（四）纸样设计

此款裙装采用衣身全挂里的结构，具体如图 4-24~ 图 4-26 所示。

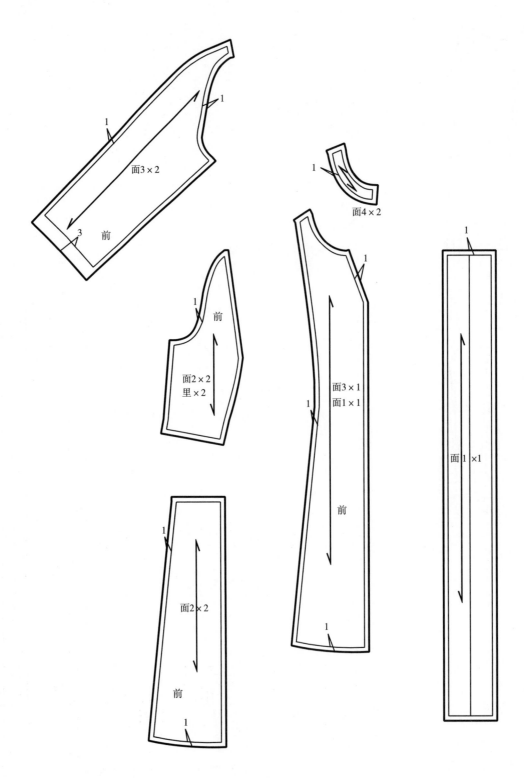

图4-24

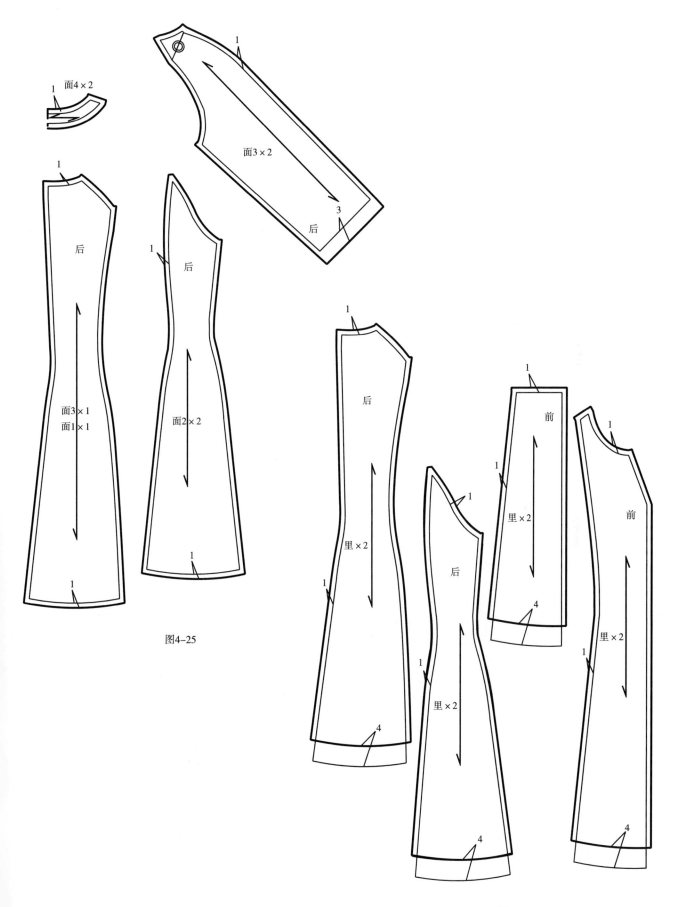

面4×2

面3×2

后

面3×1
面1×1

后

面2×2

图4-25

后

里×2

后

前

里×2

后

里×2

前

里×2

图4-26

八、插肩短袖连衣裙

（一）款式（图4-27）

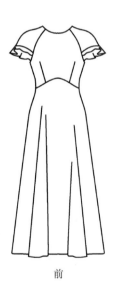
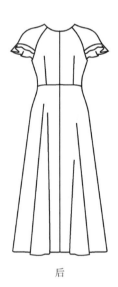

前　　　　　　　　　　后

图4-27

（二）设计分析

1. 款式分析

此款为插肩短袖连衣裙。裙子的腰部采用育克分割解决腰省的方式，下半身为喇叭裙。

2. 规格设计（表4-8）

表4-8　　　　　　　　　　　　　　　　　　　　　单位：cm

号型	胸围（B）	袖长（SL）	裙长（L）	肩宽（S）
160/84A	88	8	92	38.5

（三）结构图解（图4-28）

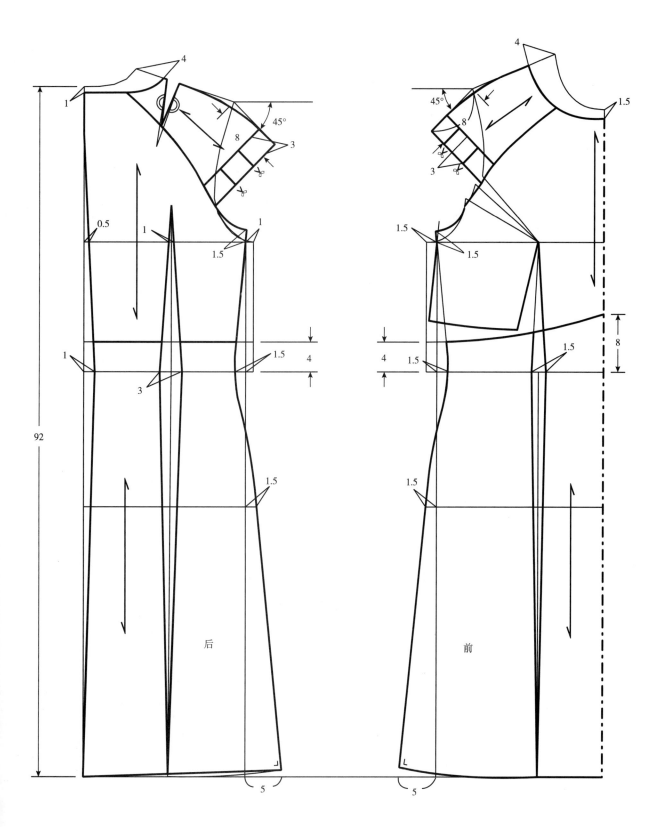

图4-28

（四）纸样设计

此款裙装采用衣身全挂里的结构。

领口包边条为 45° 斜纱条成品，故没有进行纸样设计，具体如图 4-29、图 4-30 所示。

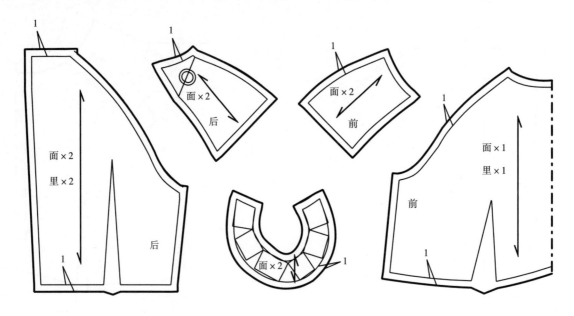

图4-29

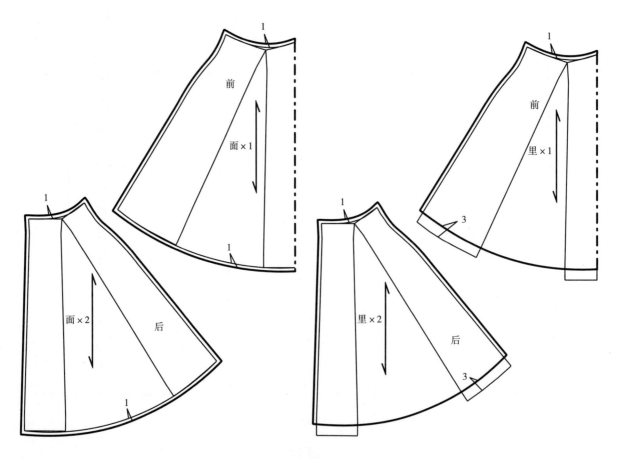

图4-30

九、薄纱露肩连衣裙

（一）款式（图4-31）

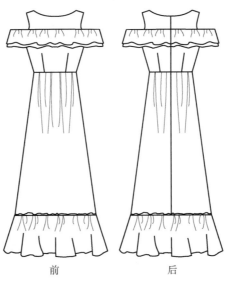

前　　　　后

图4-31

（二）设计分析

1.款式分析

此款薄纱露肩连衣裙，前胸荷叶边一直延伸到手臂，形成整体。衣身前片采用收省方式，解决所有浮余量。

2.规格设计（表4-9）

表4-9　　　　　　　　　　　　　　　　　　　　　　　　　　　　单位：cm

号型	胸围（B）	腰围（W）	裙长（L）
160/84A	88	71	110

（三）结构图解（图4-32）

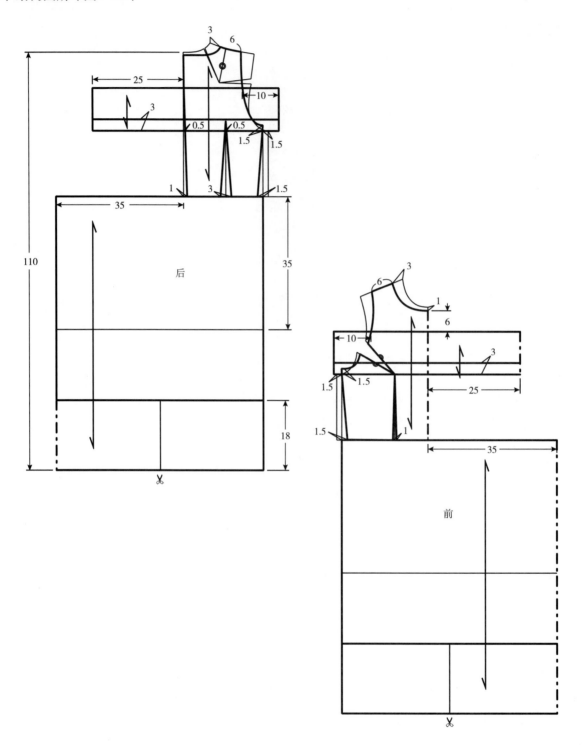

图4-32

（四）纸样设计

领口袖口包边条为45°斜纱条成品，故没有进行纸样设计。

袖子、裙面下摆用包边机包边，不放缝头，具体如图 4-33、图 4-34 所示。

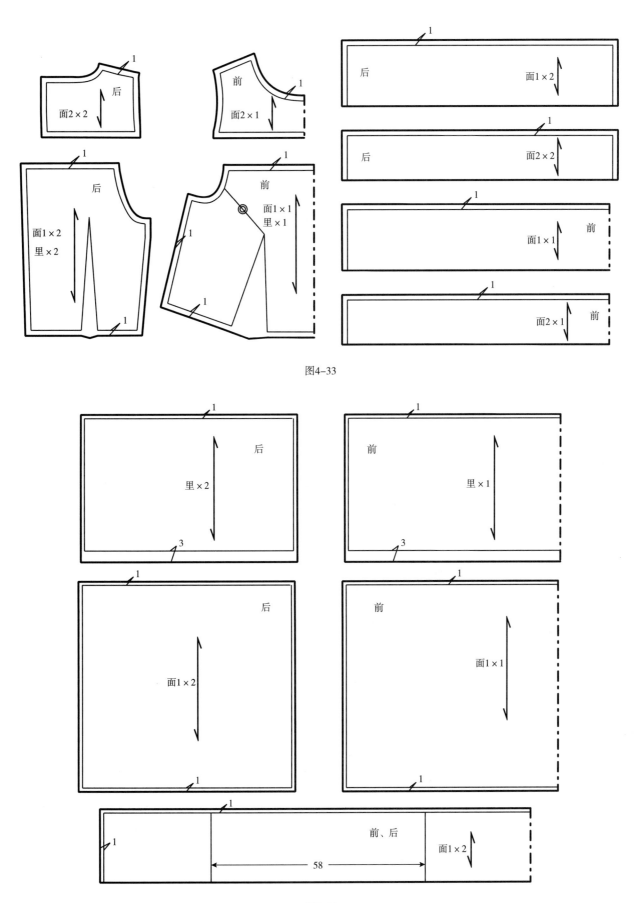

图4-33

图4-34

十、挖领无袖连衣裙

（一）款式（图4-35）

前　　　　　　　　后

图4-35

（二）设计分析

1.款式分析

此款挖领无袖连衣裙采用两种同色异质面料。前衣身斜向分割，塑造胸腰合体立体造型，裙身为短款小 A 摆。

2.规格设计（表4-10）

表4-10　　　　　　　　　　　　　　　　　　　　单位：cm

号型	胸围（B）	腰围（W）	肩宽（S）	裙长（L）
160/84A	88	72	34	80

（三）结构图解（图4-36、图4-37）

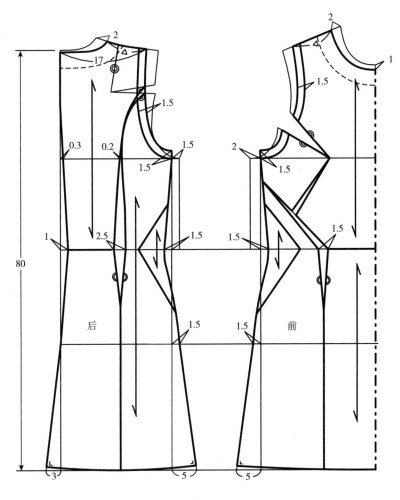

图4-36

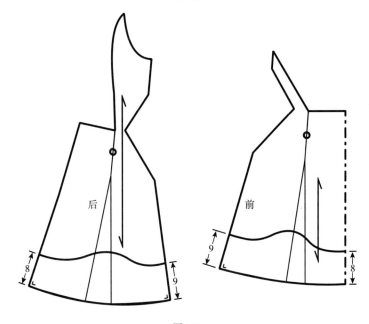

图4-37

（四）纸样设计

此款领口、袖口采用贴边，如图 4-38 所示。

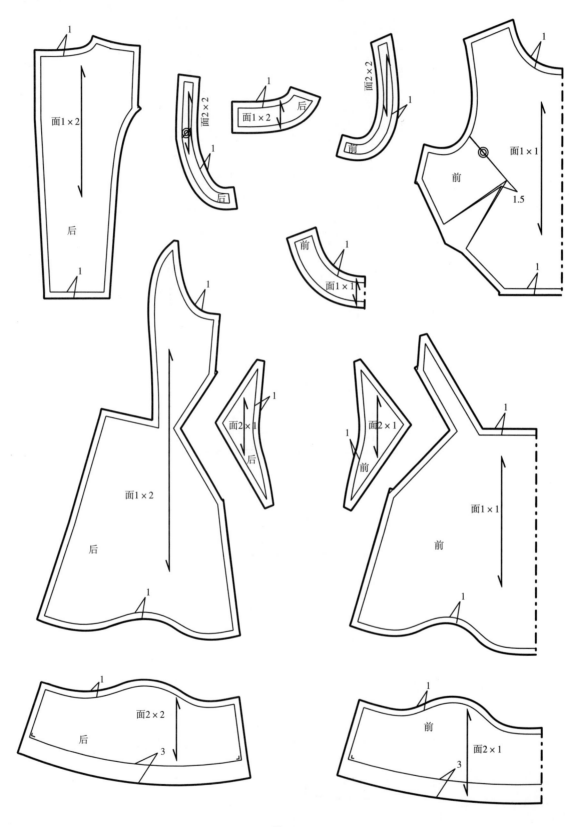

图4-38

十一、衬衫领短袖连衣裙

（一）款式（图4-39）

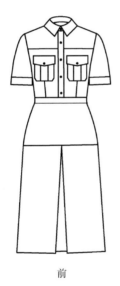

前　　　　　　　　　　　　　　后

图4-39

（二）设计分析

1. 款式分析

此款短袖连衣裙的上半身为翻立领衬衣，下半身为育克分割裙，腰部采用腰带分割方式。由于腰部合体，侧缝需安装隐形拉链。

2. 规格设计（表4-11）

表4-11　　　　　　　　　　　　　　　　　　　　　　　　　　　　　　　　　单位：cm

号型	胸围（B）	腰围（W）	裙长（L）	肩宽（S）	袖长（SL）
160/84A	84	72	88	38.5	24

（三）结构图解（图4-40）

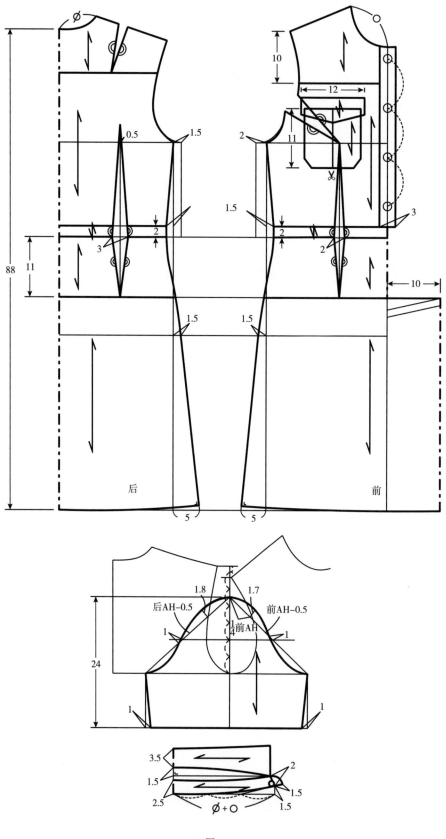

图4-40

（四）纸样设计

此款裙装采用衣身全挂里的结构。具体如图 4-41、图 4-42 所示。

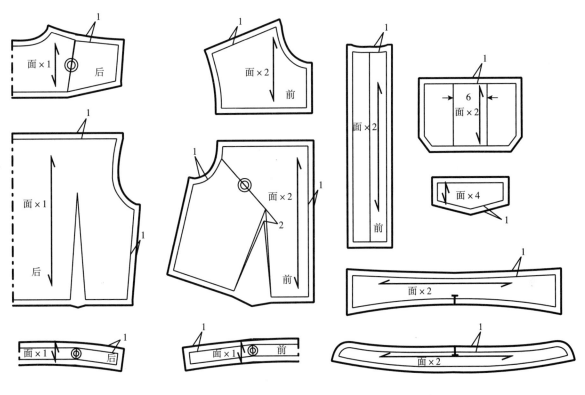

图4-41

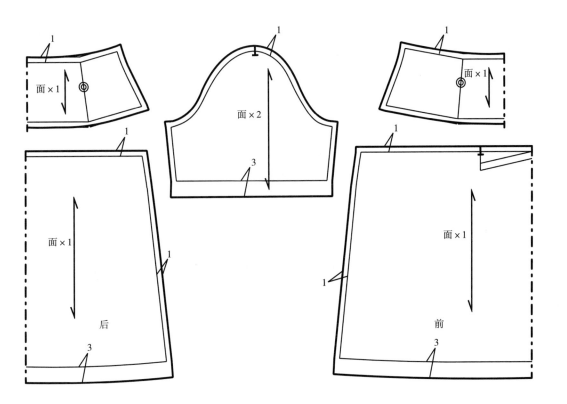

图4-42

十二、垂荡领连衣裙

（一）款式（图4-43）

 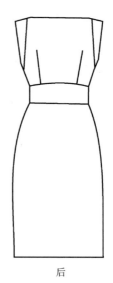

前　　　　　　　　　　　　后

图4-43

（二）设计分析

1. 款式分析

此款连衣裙为垂荡领，也称考尔领。由于领子的造型要求，前衣身片采用45°斜纱，以使悬垂性更佳。此外另设有腰带。

2. 规格设计（表4-12）

表4-12　　　　　　　　　　　　　　　　　　　　　　　　　单位：cm

号型	胸围（B）	腰围（W）	臀围（H）	裙长（L）
160/84A	84	74	95	88

（三）结构图解（图4-44）

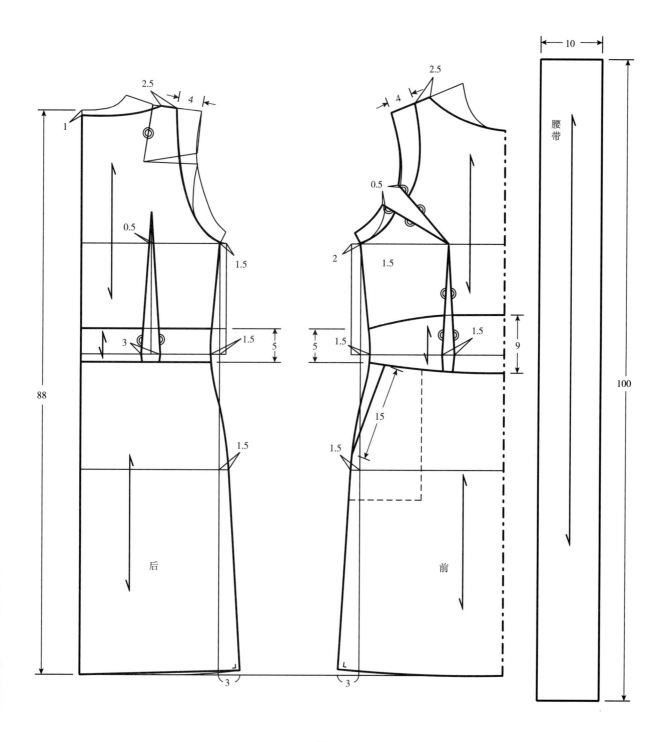

图4-44

（四）纸样设计

由于是垂荡领，里层需要翻露出来，因此上衣身全挂里，并且全部采用面料。其纸样设计如图4-45所示。

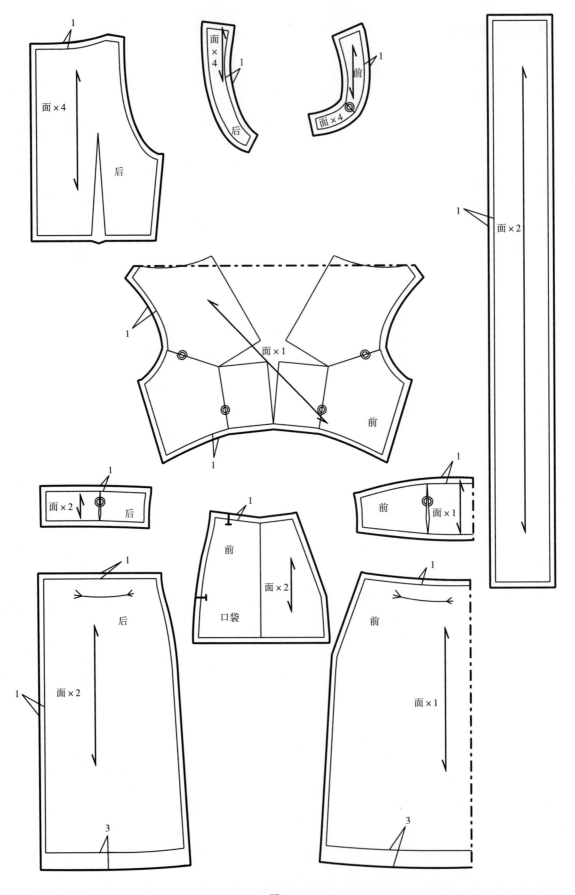

图4-45

十三、长袖X型连衣裙

（一）款式（图4-46）

前　　　　　　　　　　　后

图4-46

（二）设计分析

1.款式分析

此款是 X 型连衣裙，腰部采用纵向平行的褶裥，塑造纤细的腰部造型，前片分割线巧妙地包含了收腰的褶裥，并额外增加下摆褶裥，从而扩大裙摆。

2.规格设计（表4-13）

表4-13　　　　　　　　　　　　　　　　　　　　　　单位：cm

号型	胸围（B）	腰围（W）	裙长（L）	肩宽（S）	袖长（SL）
160/84A	90	71	82	37	57

（三）结构图解

此款裙装前胸省合并，转移为下摆摆量，前片公主线分割，如图 4-47、图 4-48 所示。

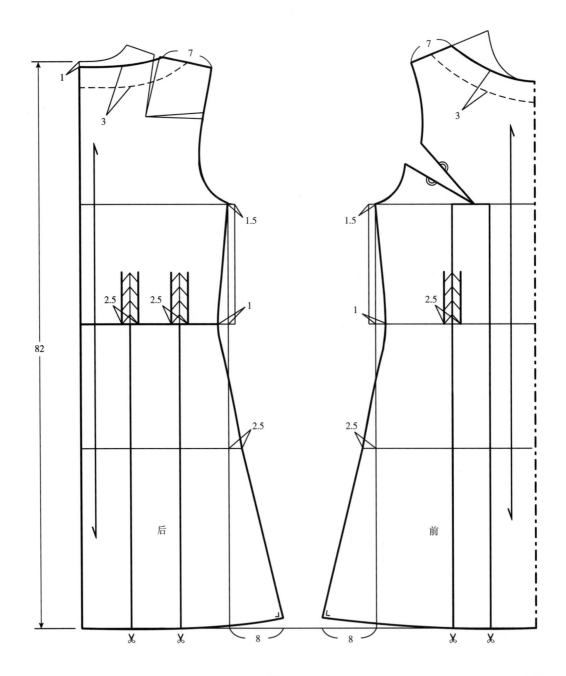

图4-47

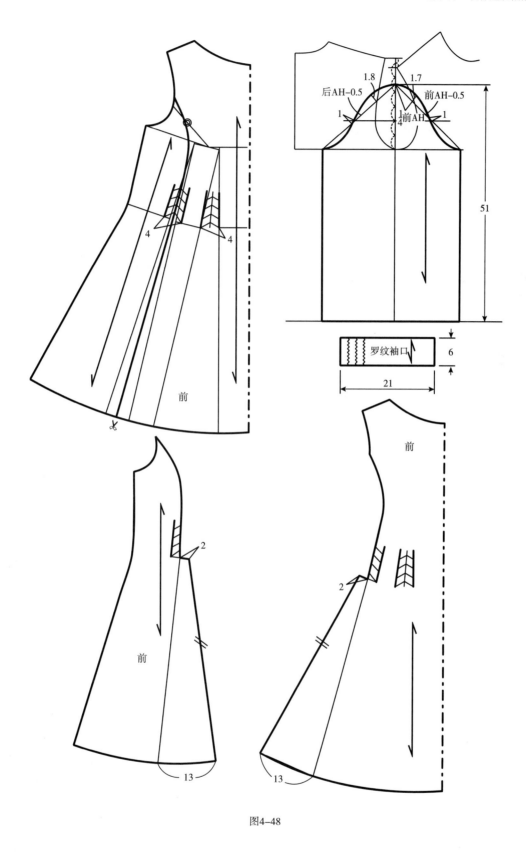

图4-48

（四）纸样设计

此款裙装采用领口贴边结构。袖口采用同色罗纹面料。袖子可采用同种面料也可以用蕾丝面料。具体如图 4-49、图 4-50 所示。

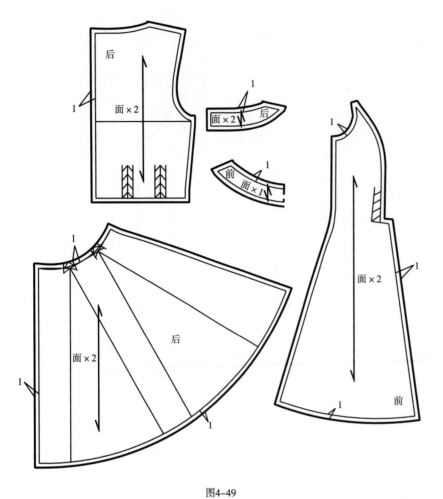

图4-49

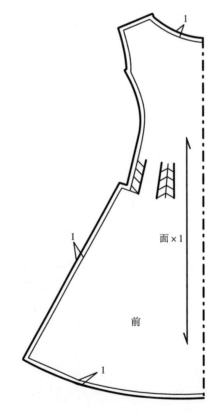

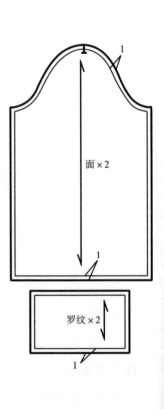

图4-50

十四、一字领无袖长腰连衣裙

（一）款式（图4-51）

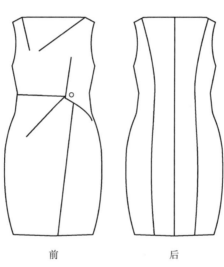

前　　　　　　　　后

图4-51

（二）设计分析

1.款式分析

此款无袖合体连衣裙，前片不对称的褶裥是设计的亮点，一字高领。面料采用光泽度较好的反光面料，可作日常穿着，也可作为小礼服穿着。

2.规格设计（表4-14）

表4-14　　　　　　　　　　　　　　　　　　　　　单位：cm

号型	胸围（B）	腰围（W）	臀围（H）	裙长（L）
160/84A	88	72	94	86

（三）结构图解（图4-52、图4-53）

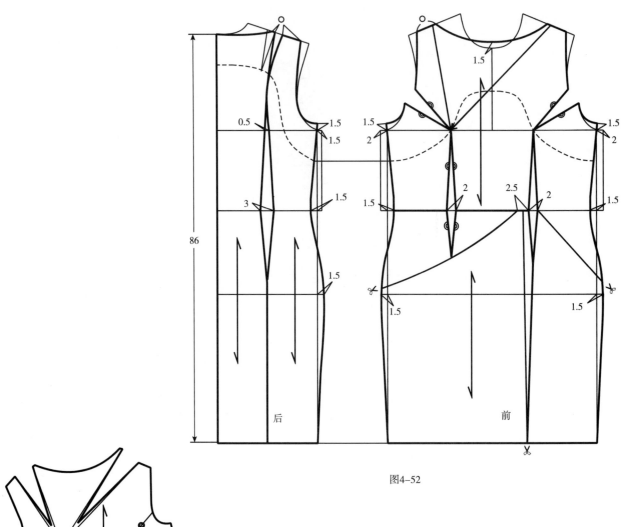

图4-52

图4-53

（四）纸样设计

此款裙装袖口与领口采用贴边结构。具体纸样设计如图4-54、图4-55所示。

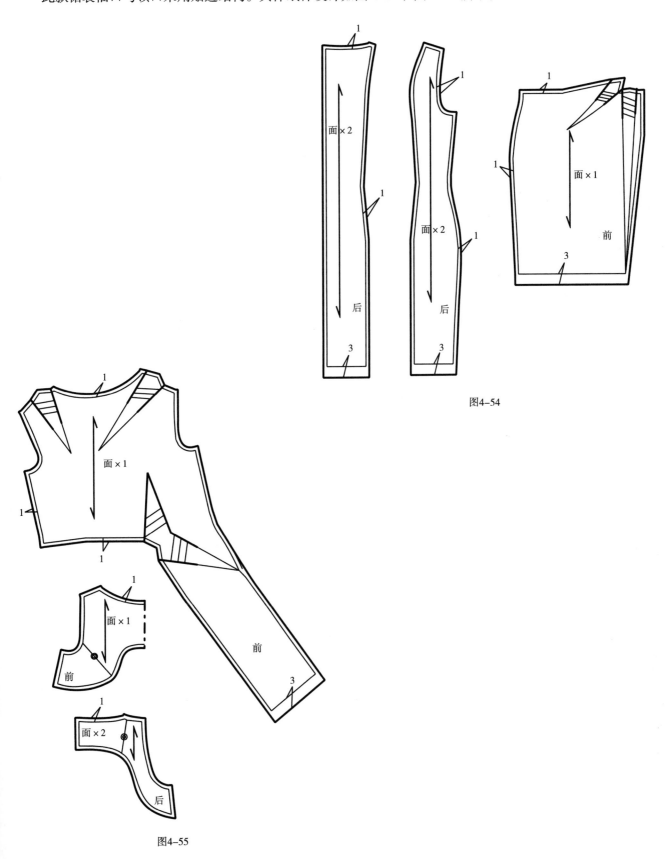

图4-54

图4-55

参考文献

[1] 文化服装学院.服饰造型讲座②裙子·裤子[M].张祖芳，等，译.上海：东华大学出版社，2004.

[2] 三吉满智子.服装造型学：理论篇[M].郑嵘，张浩，韩洁羽，译.北京：中国纺织出版社，2006.

[3] 中泽愈.人体与服装：人体结构·美的要素·纸样[M].袁观洛，译.北京：中国纺织出版社，2000.

[4] 王雪筠.图解服装裁剪与制板技术·领型篇[M].北京：中国纺织出版社，2015.

[5] 厉晓东.艺用人体解剖学[M].上海：上海人民美术出版社，2013.

附录　日本文化式服装原型

一、日本文化式衣身原型

（一）衣身原型各部位名称（图1）

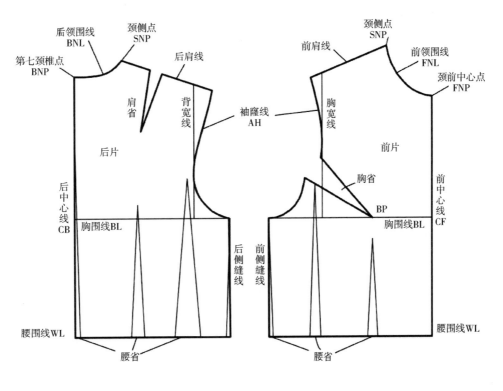

图1

（二）衣身原型结构图

1. 使用尺寸（表1）

表1　使用尺寸

单位：cm

号型	胸围（B）	背长	腰围（W）
160/84A	84	38	68

2. 结构制图

详细结构制图如图 2、图 3 所示。

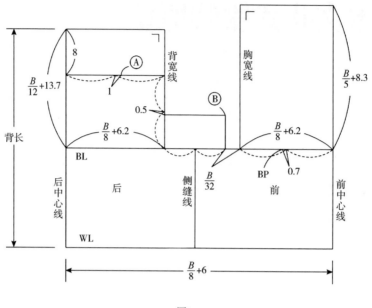

图2

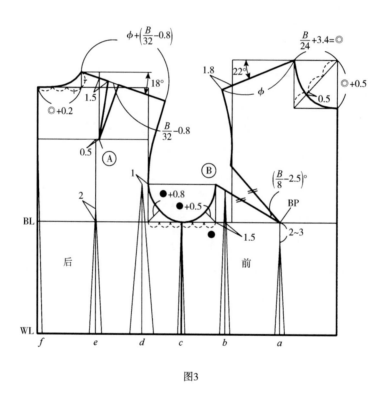

图3

3.总省量的计算与腰省分配（表2）

$$总省量=\frac{B}{2}+6-\left(\frac{W}{2}+3\right)$$

表2　腰身分配

总省量	*f*	*e*	*d*	*c*	*b*	*a*
100%	7%	18%	35%	11%	15%	14%

4.衣身原型的修正

合并后肩胛骨省道，修正领口与袖窿曲线，使之圆顺（图4）。

合并前袖窿省，修正前袖窿曲线，使之圆顺（图 5 ）。

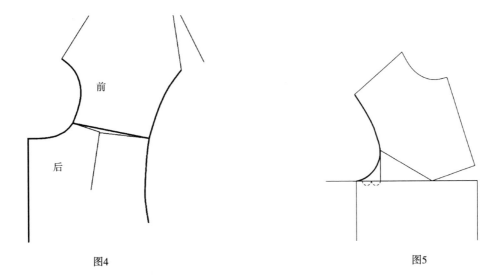

图4　　　　　　　　　　　　　　　　　　图5

二、日本文化式裙原型

（一）裙原型各部位名称（图6 ）

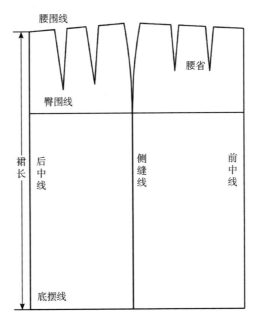

图6

（二）裙原型结构图

1. 使用尺寸（表3 ）

表3　使用尺寸　　　　　　　　　　　　　　单位：cm

号型	臀围（H）	腰围（W）
160/84A	94	68

2.结构制图

详细结构制图如图 7 所示。

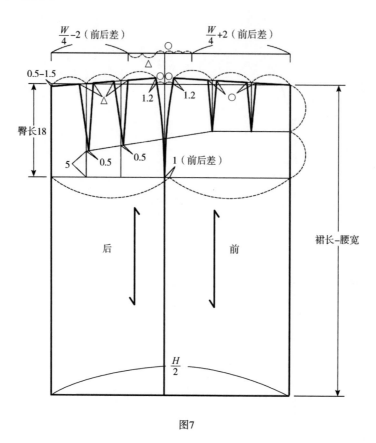

图7

服装技术专业书

书名：图解服装裁剪与制板技术·袖型篇
作者：郭东梅　孙鑫磊
ISBN：978-7-5180-5709-2
定价：36.00

书名：图解服装裁剪与制板技术·领型篇
作者：王雪筠
ISBN：978-7-5180-0804-9
定价：32.00

书名：图解服装纸样设计：女装系列
作者：郭东梅（主编）
　　　严建云　童　敏（副主编）
ISBN：978-7-5180-1386-9
定价：38.00

书名：女装结构设计与应用
作者：尹　红（主编）
　　　金　枝　陈红珊　张植屹（副主编）
ISBN：978-7-5180-1385-2
定价：35.00

书名：针织服装结构与工艺
作者：金　枝（主编）
　　　王永荣　卜明锋　曾　霞（副主编）
ISBN：978-7-5180-1531-3
定价：38.00

书名：服装精确制板与工艺：棉服·羽绒服
作者：卜明锋　罗志根
ISBN：978-7-5180-3294-5
定价：49.80